DISSERTATION

SUR L'ORIGINE

DE LA BOUSSOLE.

DISSERTATION

SUR L'ORIGINE

DE LA BOUSSOLE;

Par M. Dom.-Alb. AZUNI,

Ancien Sénateur et Juge au Tribunal de Commerce
et Maritime de Nice; Membre des Académies des
Sciences de Turin, de Naples, de Florence, de
Modène, d'Alexandrie, de Carrare, de Trieste; de
l'Athénée des Arts et de l'Académie de Législation
de Paris, de celle des Sciences et Arts de Marseille,
et de l'Académie royale des Sciences de Gottingue.

.... *Ubi quid datur oti*
Inludo chartis..................
HORATIUS.

DE L'IMPRIMERIE DE JEUNEHOMME,

A PARIS,

Chez Ant.-Aug. RENOUARD, Libraire, rue Saint-André-
des-Arts,

Et chez DELAUNAY, Libraire, Palais du Tribunat, Galeries
de bois.

AN XIII. (1805.)

A

SON ALTESSE SÉRÉNISSIME

MONSEIGNEUR

LE PRINCE MURAT,

GRAND OFFICIER ET GRAND CORDON

DE LA LÉGION D'HONNEUR;

CHEVALIER DE L'ORDRE ROYAL

DE L'AIGLE NOIR DE PRUSSE;

GOUVERNEUR DE PARIS;

MARÉCHAL ET GRAND AMIRAL

DE L'EMPIRE FRANÇAIS.

MONSEIGNEUR,

L'époque de la découverte de la Boussole, et le peuple qui le premier l'a mise en usage, ont été jusqu'à nos jours deux problémes qui ont exercé la plume de

*

plusieurs écrivains célèbres ; mais les efforts que chacun d'eux a faits pour en attribuer la gloire exclusive à sa nation, n'ont produit que des incertitudes : aussi ces problèmes se trouvent placés dans le cercle des conjectures, et sont encore à résoudre.

D'après les recherches pénibles que j'ai faites sur ce sujet, j'ose me flatter d'avoir fixé l'opinion, en prouvant que la découverte de la Boussole est due à la France. Mon travail, dont le but principal a été de rétablir la gloire de la marine française, et ses droits à une invention si importante, était essentiellement destiné à paraître sous les auspices de VOTRE ALTESSE SÉRÉNISSIME, comme ayant trait à cette science qui doit désormais faire partie de SES méditations, par la charge éminente de GRAND AMIRAL de l'Empire, dont ELLE est décorée.

Pouvais-je balancer un instant à LUI présenter un hommage auquel LUI donnent droit de prétendre de grandes vertus

unies à de non moins grands talens (1)?
Aussi je ressens tout le prix de l'honneur qu'ELLE m'a fait en l'acceptant
avec cette bonté qui LA caractérise et
LA distingue (2).

Si VOTRE ALTESSE SÉRÉNISSIME
a su se placer au rang des plus illus-
tres Généraux français, par des ex-
ploits militaires qui LUI ont mérité les
plus grandes dignités de l'Empire ; si
SES vertus aimables ont su plaire au
GRAND NAPOLÉON, dont le génie
extraordinaire a fixé la destinée des
Empires, et c'est le plus grand éloge
que l'on puisse mériter (3), ELLE saura
se rendre également célèbre dans la nouvelle carrière qu'ELLE va parcourir.

Je suis, avec le plus profond respect,

MONSEIGNEUR,

De Votre Altesse Sérénissime,

Le très-humble et très-
obéissant serviteur,

DOMINIQUE-ALBERT AZUNI.

(1) Tout homme qui a de grandes vertus et de grands talens a droit de prétendre à nos hommages ... L'intérêt même du genre humain exige et réclame cet hommage ... Honorons les grands hommes, et les grands hommes naîtront en foule. Thomas, *Eloge du comte de Saxe, maréchal de France.*

(2) *Lettre de S. A. S. M. le prince MURAT, du 27 germinal an 13, à M. AZUNI.*

M ONSIEUR,

J'ai reçu avec intérêt l'offre aimable que vous voulez bien me faire de me dédier la Dissertation que vous allez publier sur l'origine de la Boussole. Le mérite universellement reconnu de votre dernier ouvrage, et la réputation distinguée dont vous jouissez, garantissent d'avance le succès de votre nouvelle production. Le sujet que vous traitez intéresse l'histoire de la nation française. Je n'hésite point à vous donner l'autorisation que vous me demandez, et je vous prie d'en recevoir l'expression de ma gratitude. Agréez aussi, Monsieur, l'assurance de ma considération distinguée.

Signé, le Prince grand Amiral de l'Empire,

M U R A T.

(5) *Res gerere, et captos ostendere civibus hostes*
Attingit solium Jovis, et cœlestia tentat.
Principibus placuisse viris, non ultima laus est.

HORATIUS, *lib. 1, ep. 17.*

AVERTISSEMENT.

J'ai publié en italien une Dissertation sur l'origine de la Boussole, que j'avais lue à la séance publique de l'Académie royale des Sciences de Florence, le 10 septembre 1795.

Une seconde édition de cet Ouvrage a été exécutée à Venise, en 1797, par Zatta, avec quelques additions de ma part.

Ayant revu depuis cet ouvrage, et discuté de nouveaux points de critique; des nouvelles recherches m'ayant mis heureusement en état de donner à mon travail toute l'étendue, toute l'exactitude dont il était susceptible, j'ai cru que, d'après le succès qu'il obtint en Italie, et

*

le silence gardé jusqu'à ce jour par les auteurs encore vivans, dont j'ai combattu les opinions, sur l'époque de la découverte de la Boussole, je pouvais communiquer à la France le résultat de mes observations à ce sujet. Je lui offre en conséquence cette Dissertation, que j'ai considérablement augmentée, dans la langue dont l'usage m'est devenu familier, depuis que j'ai l'honneur d'être naturalisé Français.

Je me suis sur-tout laissé entraîner à cette entreprise d'après l'encouragement flatteur que j'ai reçu publiquement en France, de la part d'un savant des plus distingués de cet Empire, et qui a eu la générosité de le consigner dans l'ouvrage immortel du Pline français, récemment rédigé avec autant de soins que d'érudition : je veux parler du célèbre M. Sonnini, qui a appuyé de son suffrage mon opinion sur la découverte de la Boussole; et comme je m'honore infiniment de cette marque libérale de son estime et de son amitié, qu'il me soit permis de transcrire ici le passage qui me concerne, extrait de son addition au tom. XV de l'Histoire naturelle de Buffon.

« M. Azuni, dit-il page 100, dont j'ai
» cité la belle Dissertation sur la Bous-
» sole, prononcée à l'Académie de Flo-
» rence le 10 septembre 1795, et dans
» laquelle il établit, d'une manière victo-
» rieuse, les droits de la France sur le
» premier usage de l'aiguille aimantée,
» est étranger lui-même ; et il est digne
» de remarque que des Français aient
» usé de toutes les ressources de leur
» érudition, pour ravir à leur patrie la
» gloire d'une découverte à laquelle les

xij

» sciences et le commerce doivent leur
» éclat, et pour la concéder à des nations
» lointaines, dont l'histoire obscure en-
» core ne peut balancer des faits histori-
» ques qui sont positifs ; efforts qui ont
» sans doute du mérite aux yeux de l'é-
» rudit, mais auxquels il n'est pas pos-
» sible d'applaudir, puisqu'ils sont diri-
» gés contre l'honneur national. »

Mon but, en traitant ce sujet, a été en
effet de secouer le joug des préjugés an-
tiques, sans aucun ménagement, et de
planer, pour ainsi dire, au dessus des
passions et de l'esprit de parti. Ce n'est
que dans les sciences naturelles, dans la
chimie, par exemple, et dans la physique, où l'autorité doit céder le pas à l'expérience, car celle-ci n'est alors qu'une
autorité sans réplique ; mais dans les
sciences de simple raisonnement, telle

que l'histoire, l'autorité doit toujours l'emporter, lorsqu'elle est d'accord avec les faits et les époques qui en forment la base.

L'histoire de la découverte de la Boussole, la plus mémorable pour les hommes; cet événement unique qui a préparé la découverte d'un autre hémisphère, et l'étonnante révolution qui a changé la face de la terre et la fortune des nations; cette histoire, dis-je, ne s'est présentée à mes méditations qu'avec des traits problématiques, difficiles à résoudre. Plein de mon sujet, j'ai fait tout ce qui était en moi pour m'élever à sa hauteur; j'ai voulu consulter tous les écrivains qui avaient traité avant moi cette matière; j'ai pesé leur autorité; j'ai opposé leurs témoignages; j'ai éclairci les faits. J'ai suivi, autant qu'il m'a été possible, les

auteurs contemporains de la découverte
du Nouveau-Monde, et qui ont pu le voir
avant qu'il n'eût été bouleversé par la
cruauté, par l'avarice et par l'insatiabi-
lité des Européens; mais je n'ai trouvé
dans les ouvrages des uns et dans les relations des autres, que des systèmes fondés sur des autorités mal assurées, ou
sur des conjectures très-équivoques.

Dans cette incertitude désespérante,
et entouré, pour ainsi dire, de ténèbres,
je me suis armé d'opiniâtreté, pour me
frayer une route au travers des contra-
dictions et des observations absurdes des
voyageurs, dont les extravagances et les
préjugés ont acquis une espèce d'autorité, par le passage de la ligne équinoxiale
ou des tropiques. Je me suis pour lors
attaché à combiner et à enchaîner les faits
que l'histoire nous présente, sur les épo-

ques les moins douteuses de la découverte de la force directive de l'aimant, qui a donné la naissance à la Boussole.

Cette méthode, par une marche naturelle et suivie d'inductions très-sensibles et convaincantes, m'a conduit à établir victorieusement les droits des Français à cette importante découverte, contre les opinions de ceux qui ont prétendu les leur ravir.

En discutant cette matière, j'ai suivi les préceptes de Socrate, rapportés par Cicéron (1), c'est-à-dire, j'ai exposé ce qui paraît le plus vraisemblable ; j'ai con-

(1) *Et probare quæ similima veri videantur, conferre causas et quid in quanquam sententiam dici possit, expromere ; nulla adhibita sua auctoritate, judicium audientium relinquere integrum ac liberum ; tenebimus hanc consuetudinem à Socrate traditam.* CICERO , *de Divin.*, *lib.* II.

féré ensemble les diverses opinions ; j'ai examiné avec soin tout ce qui peut se dire de part et d'autre , et j'ai laissé une entière liberté de juger , sans prétendre que ma manière de voir fasse autorité.

J'ose toutefois me flatter d'avoir jeté un nouveau jour sur la question que je traite , et je pense que tout esprit juste et impartial se refusera difficilement à l'évidence des preuves qui ont décidé mon opinion.

————

DISSERTATION

SUR

L'ORIGINE DE LA BOUSSOLE.

INTRODUCTION.

La connaissance des peuples répandus sur la surface de la terre n'a pas toujours été un objet de simple curiosité ; elle devint nécessaire et indispensable, depuis que l'industrie, excitée par les besoins et la cupidité, obligea les habitans d'une partie du globe à avoir des communications suivies avec ceux d'une autre.

Ce fut alors que la politique réunit les uns pour les opposer aux autres, afin de diminuer l'influence des plus forts sur les plus faibles ; ce fut alors que le commerce rapprocha les nations les plus éloignées par l'échange réciproque des produits de

A

la terre et des arts ; ce fut alors que la philosophie parvint à établir parmi les hommes un système de morale moins farouche, qui a radouci les mœurs et préparé cette correspondance amicale à laquelle l'espèce humaine paraît vouloir maintenant se réduire.

Pour parvenir à ce point de contact moral entre les différens peuples, il a fallu voyager, et se porter au-delà des confins du sol natal, afin de connaître ses voisins, commercer avec eux et entretenir les rapports que l'expérience des besoins passés avait fait sentir, pour se préserver des besoins à venir. C'est ainsi que l'on crut nécessaire de fixer la géographie de son propre pays et de ses frontières, qu'on avait l'habitude de parcourir, lorsqu'on cherchait à échanger réciproquement les produits de la terre.

Autant les mers interposées entre les îles et les continens présentèrent d'abord d'obstacles aux progrès rapides de ces voyages et de l'industrie primitive, autant elles les facilitèrent ensuite, lors-

qu'on eut trouvé les moyens de les traverser par la voie de la navigation, dont
le but fut, depuis son origine, de transporter le superflu d'un peuple aux autres, et d'en rapporter les échanges nécessaires. C'est ainsi que la navigation
fut considérée dès ses premiers temps,
comme le plus fort soutien de l'agriculture, de la pêche et des manufactures,
dont elle est sans cesse occupée à ré-
pandre les produits, qu'elle encourage,
augmente et perfectionne tour à tour.

Quelques planches assemblées par des
liens, ou des cannes tissues avec des joncs,
ou quelque tronc d'arbre creusé, que les
Grecs appelaient *monoxyli*, servirent probablement aux premiers navigateurs (1).
Partis de cette grossière méthode, les anciens parvinrent jusqu'à la construction
de navires de dimensions si prodigieuses,
que le savant d'Alembert (2) a cru qu'ils

(1) Voyez l'article Ier. de la première partie de
mon ouvrage intitulé: *Droit maritime de l'Europe.*

(2) *De la Résistance des Fluides*, Introduction.

avaient surpassé les modernes dans cette
partie de l'architecture navale : mais, en
réfléchissant sur la description pompeuse
que les poètes et les historiens nous en
ont transmise, il paraît que ces navires
étaient moins pour le simple usage nautique que pour l'ostentation, la vanité et
le luxe.

Si on voulait s'en tenir à ce que disent
les poètes et les anciens faiseurs de ro-
mans sur l'origine de la navigation, ce
serait Neptune qui, le premier, aurait
couvert la Méditerranée de ses flottes,
en qualité de grand-amiral de son père
Saturne ; et ceux qui cherchent la vérité
dans les fables, nous disent aussi que ce
Saturne n'est autre que Noé, et Neptune
que Japhet.

Je ne veux pas davantage discuter si
ce fut Danaüs ou Jason qui inventa le
premier navire parmi les Grecs, ou si ce
fut l'un d'eux qui, le premier, en con-
duisit un de la Grèce en Egypte (1); si ce

(1) Suivant les réflexions savantes de M. l'abbé
J. G. Carli, dans sa dissertation *Sull' impresa degli*

fut Eole qui, le premier, se servit de voiles, d'où les Grecs auraient imaginé pour cela qu'il était le Dieu des vents;

Argonauti; et d'après l'opinion de M. le comte Carli, dans son célèbre ouvrage intitulé *Della Spe-dizione degli Argonauti in Colco ,* il est démontré que ce fut en l'an 1275 avant l'ère chrétienne, que les Argonautes entreprirent cette grande expédi-tion. Les Grecs, selon leur vanité ordinaire, ne manquèrent pas de publier que ce voyage avait été la première navigation des hommes, comme l'affirme Iginus, dans le livre II de son *Poeticon Astronomicon,* où, parlant du navire Argos, il s'exprime en ces termes : *Hanc autem primam in mari fuisse navigationem quamplures dixerant.* Ce qui est évidemment faux, puisque nous trou-vons dans la Génèse, *cap.* 5, *vers.* 13, les navires mentionnés plus de 400 ans auparavant, dans le discours fait par Jacob mourant, à ses enfans. Tout le mérite de Jason, conformément à ce que rap-porte Diodore de Sicile, *lib.* 4, *cap.* 3, se réduit à avoir été le premier qui ait fait construire un na-vire armé, capable de contenir cinquante rameurs; grandeur extraordinaire et non encore vue jus-qu'alors. Voilà le passage de Diodore, suivant la version latine la plus commune : *Qui (Jason) quum esset robustus corpore, animique præter cæteros*

si ce furent les Phocéens qui commencèrent à entreprendre de longues courses
par mer; si les Carthaginois inventèrent
les quadrirèmes; si les Phéniciens eurent,

*suæ ætatis elati, aliquid agere optans memoriâ
dignum et superiorum exemplo.... exarsit animo
ad illorum opera imitanda. Itaque communicato
cum rege consilio .... de expeditione in Colchos
ad vulgatum VELLUS aureum rapiendum....
Primum juxtà Pelium navem ædificavit magnitudine atque apparatu longe majori quam quæ ad
eum diem fieri consueverant..... Ad ejus verò
eximiam magnitudinem stupentibus omnibus, di-
fusa per Græciam ejus rei fama, multos egregios
adolescentes ultro ad certamen et ejus belli com-
munionem accepit.* Nous savons en outre, par le
même Diodore, *part.* 2, *c.* 1, que *Sémiramis*,
qui a régné bien avant cette expédition, avait fait
construire une flotte de deux mille voiles sur les
côtes de Chypre, de Syrie et de la Phénicie; et
qu'ayant fait transporter ses vaisseaux sur les dos
des chameaux et sur d'autres voitures convenables,
jusqu'au fleuve *Indus*, elle y attaqua et défit la
flotte de *Staurobate*, roi des Indes, laquelle con-
sistait en quatre mille bateaux, faits la plupart
d'une certaine canne indienne que l'on appelle
bambou.

les premiers, le courage de voyager pendant la nuit, guidés par les étoiles ; si les
Indiens observaient le vol des oiseaux
qu'ils portaient avec eux sur le navire,
pour reconnaître le voisinage des terres (1), et tant d'autres histoires débitées
par les écrivains de tous les tems ; mais
je dirai seulement, appuyé de l'autorité
des annales du monde, que les Etrusques
d'Italie, les Phéniciens et les Egyptiens,
exerçaient la navigation de temps immé-
morial (2); les Carthaginois s'y appli-

(1) Pline, *Hist. nat.*, *lib.* 6, *cap.* 22, dit que
dans la Taprobane, et dans la mer des Indes, les
navigateurs ne pouvant pas observer les étoiles,
puisqu'on n'y apercevait pas le septentrion,
avaient avec eux des oiseaux qui leur servaient
de guide, puisqu'en les lâchant du navire, ils prenaient leur vol vers la terre voisine; et d'après
leur direction, on réglait la marche du navire :
Siderum, dit-il, *in navigando nulla observatio,
septentrio non cernitur, sed volucres secum vehunt;
emittentes sæpiùs, meatumque earum terras pe-
tentium comittantur.*

(2) On ne saurait douter que les Phéniciens
n'aient été les premiers et les plus habiles navi-

quèrent avec beaucoup de succès ; les
Romains l'établirent soigneusement sous
les empereurs; mais les progrès de cet
art , ainsi que ses avantages dans ces
temps reculés , furent bien effacés ensuite
par les Vénitiens , les Génois , les Pisans et
les villes anséatiques , au XIV°. siècle ; par
les Portugais et les Espagnols , au XV°.;
par les Hollandais , les Anglais et les
Français, dans des temps plus rapprochés.

gateurs des anciens temps. Ils découvrirent plus
de pays et envoyèrent plus de colonies que n'ont
fait tous les autres peuples ensemble; ce furent
aussi les Phéniciens qui , les premiers , établirent
le commerce et l'entretinrent dans les pays les plus
éloignés. Quel témoignage plus flatteur de leurs
richesses et de leurs forces navales, que celui qu'en
fournit l'Écriture sainte, au 27°. chap. d'Ézéchiel ,
où ce prophète, parlant de Tyr, dit que cette
grande ville, située à l'entrée de la mer Méditerranée , trafiquait dans toutes les îles ; que les planches de ses vaisseaux étaient de sapin de *Sénir*,
les mâts de cèdre du *Lyban* , les rames de chênes
de *Bzan* , les bancs d'ivoire , les voiles de toile
richement brodée. Ces éloges, tout divins et res-
pectables qu'ils sont, ne seraient pas néanmoins

La plupart des découvertes n'ont jamais été portées à leur perfection que par des degrés insensibles. De tous les arts inventés ou par le hasard, ou par la nécessité, et parvenus à leur apogée par l'avide curiosité des hommes, l'art nautique est celui qui a marché avec plus de lenteur et moins de facilité que les autres, à ce degré de supériorité qui lui était réservé. Il devait en effet être nécessairement précédé par les progrès

---

une preuve suffisante de la science des Phéniciens, en ce qui regarde la navigation, si d'ailleurs toutes les histoires anciennes n'étaient pas remplies de témoignages indubitables de leurs voyages et de leurs fréquentes expéditions par mer, dont la première se fit sur les côtes d'Afrique, où ils bâtirent la puissante ville de Carthage, qui, dans la suite, disputa si long-temps avec Rome l'empire du monde : de là ils étendirent leur domination jusqu'en Espagne; ils firent des descentes sur les côtes de France, et abordèrent enfin à la Grande-Bretagne, où ils établirent ensuite le commerce d'étain et de tout ce que cette île fournissait de productions naturelles. *Voyez* Procope, Strabon et Diodore de Sicile.

de toutes les sciences dont le concours était indispensable à ses développemens, c'est-à-dire, de la mécanique, de l'hydraulique, de l'astronomie et de la géographie.

Les premiers qui s'exposèrent aux fureurs de la mer et à l'inconstance perpétuelle de ses vagues; ceux dont Horace a dit avec tant d'élégance : *robur et œs triplex circa pectus erat* (1), n'avaient pas besoin de fixer souvent leurs regards vers le ciel pour y lire leur route, puisqu'ils ne s'avançaient jamais en haute mer jusqu'à perdre de vue les rivages; ils ne voyageaient jamais pendant la nuit, et le jour ils n'avaient que le soleil pour guide.

(1) *Horatius, lib.* 1, *od.* 5. De quels termes ne se serait pas servi Horace pour exprimer son admiration, s'il avait pu contempler les marins modernes, qui comptent pour rien les plus longues navigations, et affrontent avec indifférence les fureurs du quatrième et du plus redoutable des élémens, le feu, qui semble avoir réservé pour des courages au dessus du caractère de l'humanité, le développement de toute la puissance de sa colère et de ses plus effroyables effets?

Mais lorsque plus hardis ils tentèrent de s'avancer en pleine mer, ou que les orages les y eurent poussés, ils se trouvèrent dans la nécessité d'observer les astres.

Le premier guide de tout voyage, dont la route n'a pas encore été tracée, a toujours été l'observation des points du ciel, au moyen desquels il est possible de s'orienter. Il y a plusieurs constellations qui se meuvent autour du pôle, ou, pour mieux dire, autour de l'axe du globe, en vertu du mouvement journalier; mais une des plus visibles et des plus voisines du septentrion, c'est un groupe d'étoiles si surprenant par sa figure, qu'il a excité l'attention particulière de toutes les nations : les astronomes l'appellent la *Grande-Ourse ;* le vulgaire la connaît sous le nom de *Chariot.*

Cette constellation paraît toujours vers le même point du ciel; elle ne se couche qu'en partie vers les côtes les plus méridionales de l'Europe. Étant ainsi propre à faire connaître le septentrion, elle de-

vint bientôt le signe le plus sûr pour le
retrouver; signe douteux, à la vérité,
mais tel cependant qu'on pouvait le de-
sirer dans les premiers momens de l'invention de la nautique.

Strabon, dans le premier livre de sa
Géographie, prétend que les Phéniciens
en ont été les premiers observateurs, et
qu'ensuite ils ont perfectionné les remarques qu'ils en tiraient en observant la
constellation de la *Petite-Ourse*, qui est
moins éloignée du septentrion que la première. Thalès de Milet, auquel ses com-
patriotes attribuent l'honneur de cette
découverte, l'avait reçue des Phéniciens,
et s'efforça d'en introduire l'usage dans
sa patrie; mais ses instructions ne furent
point goûtées des hommes grossiers et
ignorans qui y exerçaient la navigation :
ainsi l'observation de la *Petite - Ourse*
continua à être la science exclusive des
Phéniciens (1).

(1) Le poète Aratus nous instruit que dans les
temps où il vivait, les navigateurs de la Grèce
n'avaient pas encore abandonné l'usage de suivre la

Ainsi la *grande* et la *petite Ourse* servirent tour à tour de guide à toutes les
nations dans leurs voyages maritimes,
jusqu'à l'époque où parut en Europe la
fameuse Boussole : selon l'opinion universelle, ce fut au commencement du
XIV°. siècle. Voilà donc la boussole de-
venue bientôt le secours le plus puissant
et le guide, sinon le plus sûr, à cause de
sa déclinaison qui éloigne l'aiguille aimantée, tantôt plus, tantôt moins, de la
ligne qui touche le pôle (1), du moins le

Grande-Ourse, ainsi qu'il l'exprime dans les vers
suivans :

Dat Graïs helice cursûs majoribus artus,
Phœnicas cynosura regit............
Certior est cynosura tamen sulcantibus æquor :
Quippe brevis totam fido se cardine vertit,
Sydoniamque ratem numquam spectata fefellit.

Ovide répète la même chose dans les vers suivans :

Magna minorque feræ, quarum regit altera Graïas
Altera Sydonias, utraque sicca rates.

(1) Les opinions sur la découverte de la déclinaison de l'aiguille aimantée dans la boussole,
sont très-partagées : je crois cependant qu'elle sera

plus commode et le plus facile, puisqu'en
tout lieu, en tout temps, sous une posi-

bientôt fixée, par les soins du savant M. Fossi,
bibliothécaire de la *Magliabecchiana* de Florence, lequel, dans son catalogue des manuscrits
Strozziani, qu'il est sur le point de publier, rendra
compte d'un code cartacée MS, contenant une
lettre qui paraît autographe, écrite par un Florentin, en date du 1er. janvier 1519 *à nativit te*,
et à laquelle seront jointes des observations astronomiques du célèbre M. Ferroni, professeur de
mathématiques en l'université de Pise. Cette lettre
contient la relation d'un voyage fait par l'auteur,
sur les navires portugais, aux Indes orientales.
En rendant compte du passage le long des côtes
de la basse et haute Guinée, et vers la côte de
Sofala, il y indique la déclinaison ou variation de
l'aiguille aimantée vers le couchant ou vers le
méridien astronomique, de près d'un quart, tantôt
d'un côté, tantôt d'un autre. Cette notice paraît
être la première, ainsi que la plus ancienne, qu'on
ait eue sur la déclinaison de l'aiguille aimantée.
L'écrivain y donne aussi la figure de quelques
constellations qui se trouvent près du pôle antarctique, et particulièrement celle qu'on nomme *la
Croix* ou *la Croisière*, que le Dante a su décrire
dans le chant premier de son *Purgatoire*, terz. 7,

tion quelconque, en indiquant, par le
moyen de l'aiguille aimantée, le septen-

8 et 9, page 83, édition d'Alde, que je pos-
sède :

Lo bel pianeta, che ad amar conforta,
    Faceva tutto rider l'oriente
    Velando i pesci, ch' eran in sua scorta.
· Jò mi volsi à man diritta ; et posi mente
    A l'altro polo ; et vidi quattro stelle
    Non viste mai fuor ch' a la prima gente.
Goder pareva 'l ciel di lor fiammelle.
    O settentrional vedovo sito,
    Poichè privato se' di mirar quelle.

Je répéterai ici ce qui a été écrit à ce sujet par
le célèbre C. Carli, dans sa dissertation italienne,
intitulée : *Intorno alla declinazione e variazione
della Bussola nautica dal polo;* Venise, 1747,
pag. 5. Il s'exprime en ces termes : « Lascio pure
» al fortunato ingegno di cotesto gran cavaliere
» (procurator Marco Foscarini) il decidere, se
» Sebastiano Cabotta Veneziano famoso viaggia-
» tore de' suoi tempi, sia stato il primo ad accor-
» gersi della variazione dell' ago calamitato dal
» polo, come per tanto tempo si credette, oppure
» quel tal Griguone dissoterrato dal Delille nel
» 1712. (*Mém. de l'Acad. roy. des Sciences*, 1712.)
» Egli per verità altra ragione non porta, se non
» che questo Grignone dedicando il suo MS. al

trion , elle montre la route que les navigateurs peuvent suivre, lorsqu'ils sont privés de toute lumière des astres.

« Au reste, dit M. de Buffon (1), quel-
» que irrégulière que soit la variation de
» l'aiguille aimantée dans sa direction ,
» il me paraît néanmoins que l'on peut
» en fixer les limites , et même placer
» entre elles un grand nombre de points
» intermédiaires , qui , comme ses limites
» mêmes , seront constans et presque fixes
» pour un certain nombre d'années, parce
» que les progrès de ce mouvement de

» Cabotta parla della variazione dell' ago nel 1534,
» in tempo che non si sa, se di questa egli parli
» come scoperta sua o dello stesso Cabotta , e in
» tempo, che si sa al contrario aver il Cabotta fatte
» le sue celebri navigazioni molto prima di quell'
» anno 1534, nelle quali della declinazione della
» bussola poteva accorgersi. »

(1) Buffon, Hist. nat., tom. xv de la nouvelle édition rédigée par M. Sonnini, p. 53. Voyez la note
de ce savant rédacteur, à la page 48, dans laquelle
il a joint des observations faites avec l'aiguille de
Manheim , pareille à celle de Montmorenci, dans
différentes villes, depuis 1781 jusqu'en 1788.

déclinaison

» déclinaison ne se faisant actuellement
» que très-lentement, on peut le regarder
» comme constant pour le prochain ave-
» nir d'un petit nombre d'années ; et c'est
» pour arriver à cette détermination, ou
» du moins pour en approcher autant
» qu'il est possible, que j'ai réuni toutes
» les observations que j'ai pu recueillir
» dans les voyages et navigations faits
» depuis vingt ans, et dont je placerai
» d'avance les principaux résultats dans
» l'article suivant....»

« On doit réunir, ajoute le même écri-
» vain, pag. 371, aux phénomènes de
» la déclinaison de l'aimant, ceux de son
» inclinaison ; ils nous démontrent que la
» force magnétique prend, à mesure que
» l'on approche des pôles, une tendance
» de plus en plus approchante de la per-
» pendiculaire à la surface du globe ; et
» cette inclinaison, quoique un peu mo-
» difiée par la proximité des pôles ma-
» gnétiques, qui détermine la déclinai-
» son, nous paraîtra cependant beaucoup
» moins irrégulière dans sa marche pro-

B

» gressive vers les pôles terrestres , et
» plus constante que la déclinaison dans les
» mêmes lieux, en différens temps , etc.»

La boussole a donc été le seul instrument propre à diriger les entreprises hardies des Portugais et des Espagnols, pour
franchir l'Océan et agrandir en quelque
sorte l'univers, en découvrant un autre
hémisphère , maintenant assujéti aux
mœurs, aux religions , aux sciences , aux
vices et au luxe de l'Europe.

C'est une chose inconcevable , que la
négligence des anciens écrivains sur l'origine de la boussole ! Ils n'ont su nous
transmettre , ni l'époque, ni le nom de
l'auteur d'une découverte aussi utile que
merveilleuse. Toutes les recherches des
philologues modernes n'ont encore pu
nous donner sur cet objet des éclaircis-
semens certains : les uns prétendent que
la boussole était connue des anciens navigateurs ; les autres en attribuent la
gloire aux Chinois ; quelques uns aux Arabes ; et la plupart des écrivains modernes
en reconnaissent l'amalphitain Flavius

Gioja pour le premier inventeur : ils osent même en fixer l'époque précise en l'année 1302 de notre ère. Les Anglais, les Allemands et les Français s'efforcent aussi de prétendre à cette fameuse découverte ; mais tous n'ont jusqu'à présent fourni que des conjectures ou des autorités équivoques des historiens et des poètes.

Il en a été toujours de même des grandes découvertes que les hommes ont faites. L'histoire de l'origine des sciences et des arts, ainsi que celle des empires, a généralement été cachée et le plus souvent enveloppée de ténèbres et d'incertitudes. Les premiers pas de l'esprit humain, faibles et mal assurés, ont dû exciter si peu l'attention de ceux qui en furent les témoins, que nous ne devons pas être surpris si leurs traces sont restées effacées dans l'éloignement des temps auxquelles elles se rapportent.

Si l'histoire politique des nations, qui nous a été transmise avec beaucoup de soins, nous manque au-delà de certaines époques , qui peut-être ne sont pas même les plus sûres , nous devons nous attendre de même à voir celle des arts , presque toujours négligée , se perdre dans le chaos des fables et des conjectures.

Dans l'état d'incertitude où se trouve enveloppée l'origine de la Boussole , il est du devoir de l'historien philologue de savoir apprécier les témoignages des anciens, et de discerner ce qui porte l'empreinte de la crédulité ou de l'ignorance, de ce qui paraît établi sur les bases solides de la vérité. C'est le seul but que je me suis proposé dans cette Dissertation , dont le résultat sera de démontrer que la Boussole n'a pas été connue des anciens ; que les Chinois et les Arabes ne l'ont eue que des Européens , et que parmi ceux-ci, les Français ont été les premiers à la découvrir et à la mettre en usage.

ARTICLE PREMIER.

La Boussole n'a pas été connue par les Anciens.

L'AIMANT a été appelé, par les Latins, *Magnes*, ou parce qu'il a été premiè-rement découvert dans la *Magnésie*, contrée de la Lydie contenant beau-coup de mines de ce minéral, comme l'indique Lucrèce (1), ou parce que les Magnésiens ont observé, les premiers, que cette pierre avait la vertu surpre-nante d'attirer le fer (2). C'est le savant

(1) Quem magneta vocant patrio de nomine Graii Magnetum, quia sit patriis in montibus ortus.
LUCRET., de Nat. rer.

(2) « L'aimant primordial, dit M. de Buffon,
» n'est qu'une matière ferrugineuse, qui, ayant
» d'abord subi l'action du feu primitif, s'est en-
» suite aimantée par l'impression du magnétisme
» du globe; et en général, la force magnétique

Bochart (1) qui tâche de trouver cette origine dans le nom latin de l'aimant (2). Quant aux autres propriétés de cette pierre, il n'y en a qu'une qui concerne particulièrement le sujet que je traite ; c'est celle des pôles de l'aimant. Il y en a deux qui répondent en lignes parallèles à ceux du

» n'agit que sur le fer ou sur les matières qui le » contiennent. »

Je doute fort que l'on puisse reconnaître l'essence de l'aimant dans cette définition, qui ne paraît indiquer que les effets, ou, pour mieux dire, l'action par laquelle l'aimant attire le fer ; car il nous reste encore à savoir ce que c'est que le magnétisme du globe.

(1) Bochart, *Geographia sacra*, page 717.

(2) Quelques-uns pensent, dit le savant M. Sonnini, dans ses notes sur M. de Buffon, art. 11, que le mot *magnes* vient de *magnitudo*, grandeur, et qu'il a été appliqué à l'aimant, à cause de ses grandes propriétés. Les Grecs, frappés de sa ressemblance avec le fer, l'ont aussi appelé *syderites*. Enfin, ce minéral a encore été désigné sous la dénomination de *Lapis Herculeus* ; vraisemblablement parce que le meilleur se trouvait près d'Héraclée, ville de Lydie.

globe; mais cette propriété de regarder les
deux pôles ne lui est pas tellement affectée,
qu'il ne la communique à d'autres corps
auxquels il touche. L'aiguille aimantée en
est une preuve; car, d'abord qu'elle en a
été frottée, elle tourne toujours la pointe
au pôle arctique, pourvu qu'elle ne trouve
point d'obstacles.

Que les naturalistes percent, s'ils le
peuvent, les secrets impénétrables de la
nature, pour deviner la cause de cette
sympathie, il me suffira, comme historien, de rechercher l'époque la moins
douteuse où les hommes ont commencé
à profiter de la découverte d'un secret
aussi admirable qu'avantageux aux progrès de la navigation.

Ce serait un travail à la fois énorme
et inutile, que de vouloir discuter les
assertions de ceux qui prétendent avoir
reconnu l'usage de la Boussole parmi les
anciens, comme ils veulent à tout prix
leur faire honneur d'une grande partie
des découvertes que les modernes s'attribuent avec plus de raison. Considérons

d'abord les passages des anciens écrivains, dans lesquels il est question de
l'aimant; nous trouverons que sa vertu
attractive avec le fer a été la seule dont
ils s'aperçurent. On ne pourra jamais
présumer que s'ils avaient eu la moindre
notion de la direction pôlaire de l'aimant,
elle n'eût pas excité leur curiosité et leur
admiration. Aussi, en considérant les
effets de la force magnétique alors connus, ils ont dit que l'aimant avait des
affections d'amour et de haine; voulant
indiquer seulement, par ces expressions,
que la cause de ces affections de l'aimant
devait avoir quelque rapport avec la
cause qui produit de semblables affections dans les êtres sensibles.

Plutarque, en s'appuyant de l'autorité
de Maneton (*de Osid. et Osir.*), dit simplement que les Egyptiens avaient connu
l'aimant. Thalès, Démocrite, Empedo-
cles, Platon, Aristote, et plusieurs autres philosophes grecs, en recherchant la
cause de la propriété merveilleuse de ce
minéral, se divisèrent en différentes opi-

nions , auxquelles ils joignirent des idées fantastiques et fabuleuses. Epicure ima-gina ensuite deux causes diverses de la vertu magnétique , dont une fut adop-tée complèttement par Lucrèce. Celui-ci , dans son poëme *de Naturâ rerum* , en parle avec admiration , et l'explique par de certaines évaporations qui , sortant de ce minéral , forment une série continue de parties réunies ensemble en guise d'an-neaux ou de petits hameçons ; de sorte que ces évaporations , soit par leur con-tinuité , soit par la raréfaction qu'elles pro-duisent dans l'air , déterminent le fer à se porter vers l'aimant (1).

(1) Quorum ita texturæ ceciderunt mutua contra,
Ut cava conveniant plenis hæc illius , illa
Hujusque : inter se junctura horum optima constat.
Est etiam , quasi ut ancillis, hamisque plicata
Inter se quædam possint copulata teneri.
. . . .
Principio fluere è lapide hoc permulta necesse est
Semina , sive æstum , qui discutit aëra plagis,
Inter qui lapidem , ferrumque est cumque locatus.
Hoc ubi inanitur spatium , multusque vacefit
In medio locus, extemplo primordia ferri
In vacuum prolapsa cadunt conjuncta, fit utque

Mais Lucrèce n'a pas connu la force directive de ce minéral vers le pôle, car il n'en parle point dans son poëme; et il n'aurait pas manqué de le faire, étant très-exact observateur de la nature.

Pline, qui, dans son *Histoire naturelle*, n'a fait que rapporter tous les phénomènes de la nature, et, le plus souvent, sans cet examen mûr et solide qui convient à un naturaliste et qui lui fait mépriser ou passer sous silence les fables populaires, en parlant avec enthousiasme de la vertu attractive de l'aimant, ne fait aucune mention de la force directive qui était la plus essentielle et infiniment plus surprenante (1).

Annulus ipse sequatur, eaque ita corpore toto.
.. ..
Quod facit, et sequitur donec pervenit ad ipsum
Jam lapidem, cæcisque in eo compagibus hæsit, etc.
LUCRET., de Nat. rer., lib. 6.

(1) *Quid lapidis rigore pigrius ? Ecce sensus manusque tribuit illi natura. Quid ferri duritie pugnacius ? Sed cedit et patitur mores : trahitur namque à magnete lapide, domitrixque illa rerum omnium materia ad inane nescio quid currit, atque ut propius venit assistit, teneturque amplexuque hæret.* PLIN., *Hist. nat.*, lib. 36, cap. 16.

Claudien, dans sa fameuse épigramme
où il célèbre, avec toutes les grâces de
la poésie, l'attraction de l'aimant, n'a
pas donné la moindre idée qu'il se soit
aperçu de sa direction vers le pôle (1).

Lorsqu'il s'agit d'un fait ancien, il suffit,
pour en démontrer la fausseté, de prouver le silence de tous les écrivains qui,
ayant vécu dans le même temps, ou du
moins dans un temps peu éloigné, ont
entrepris de rendre compte de toutes les
découvertes contemporaines. Or, les
Grecs et les Latins n'ont pas dit un mot
de la force surprenante par laquelle l'aimant se tourne vers le pôle, et encore
moins de son usage nautique; preuve
non équivoque que les anciens navigateurs ont entièrement ignoré l'existence
de la Boussole. Aussi dans leurs écrits
nous ne trouvons que l'indication des
auteurs de la navigation, les noms de

(1) Pronuba fit natura Deis, ferrumque maritat
Aura tenax.............................
Flagrat anhela silex, et amicam saucia sentit
Materiem, placidosque chalybs cognoscit amores, etc.
CLAUD., *in Epigr. 4, Magnes.*

différentes espèces de navires , la description de leurs principales parties ,
comme le gouvernail, les mâts , les voiles,
avec les noms de leur inventeur; encore
le tout est-il chargé de contes et de détails fabuleux.

Quant à la *Liméneurétique*, c'est-à-dire,
l'art de diriger les navires , les anciens
n'en ont parlé que vaguement dans des
phrases générales , pour décrire la route
que leurs vaisseaux avaient tracée dans
de certains voyages , par l'observation
des étoiles , en tournant à propos le gouvernail , en adaptant , tantôt d'une manière , tantôt d'une autre , les voiles selon
la direction des vents favorables ou contraires , comme l'ont chanté Virgile ,
Tibulle et Pétrone (1).

_____

(1) .... Clavumque affixus et hærens
Nusquam amittebat, oculosque sub astra tenebat.
Virg., Æneid. , lib. v.
QuiLybico nuper cursu dum sydera servat.
Ibid. , lib. vi.
Ducunt instabiles sydera certa rates. Tib., *lib. 1 , Eleg. 9.*
Gubernator qui pervigil nocte ,
   yderum motus custodit. Petron., *Arbit. Satir.*

La navigation des anciens, bien loin
de démontrer la connaissance de la direction pôlaire de l'aimant et de la Boussole, prouve le contraire, puisqu'il est
hors de doute, ainsi que Virgile le con-
firme dans son *Énéide* (1), que dès qu'ils
perdaient de vue le soleil et les étoiles,
ils ne savaient plus s'orienter, ni diriger
la proue de leurs navires.

C'est avec raison que le savant Dutens,
quoique très-incliné à favoriser les anciens, avoue n'avoir trouvé aucun passage dans leurs écrits, par lequel on
puisse leur attribuer clairement la connaissance de la force directive de l'aimant
et de la Boussole (2).

Les anciens, surpris de la qualité attractive de ce minéral, et sans connaissances suffisantes pour en déterminer la

(1) Ipse diem noctemque negat discernere cœlo,
Nec meminisse viæ media palinurus in unda.
Tres adeo incertos cæca caligine soles
Erramus pelago, totidem sine sydere noctes.
    VIRG., *Æneid.*, lib. III, vers. 201.

(2) Dutens, *Recherches sur l'Origine des Découvertes*, tom. 2, p. 34.

cause physique, lui attribuèrent de suite une vertu surnaturelle et magique, à laquelle ils assujétirent les affections du cœur et les sentimens de l'ame.

Le faux Orphée, dans son poëme *Argonautique*, attribué par plusieurs écrivains à Onomacritus, qui vécut vers l'an 550, conseille à deux frères de porter chacun avec eux un morceau d'aimant, afin, dit il, de conserver toujours intacte leur amitié (1).

Pierre Hispanicus, ou Pierre Julien, médecin de Lisbonne, ensuite pape, sous le nom de Jean XXI, en 1276, inséra dans un recueil de recettes ce même se-

(1) Vers cette même époque, il y a eu réellement un Orphée, poète de Crotone : c'est pour cela que quelqu'un a cru que ce poëme était l'ouvrage de cet Orphée. Il suffit de le lire, pour s'apercevoir que l'auteur fait tous ses efforts pour se faire croire l'ancien philosophe et poète Orphée de Thrace, qui a été un des argonautes ; mais son peu de discernement sur tout ce qu'il raconte comme témoin oculaire, découvre jusqu'à l'évidence son imposture, dont le vrai Orphée n'aurait pas été capable.

cret , pour conserver l'amour conjugal.
Il l'avait appris probablement de *Mar-
bodœus*, qui le copia du livre du faux
Orphée, lequel avait rapporté en même
temps le terrible usage qu'on pouvait
faire de l'aimant pour flatter la jalou-
sie d'un mari et épouvanter sa crédule
épouse. Si une animosité indiscrète dé-
terminait un homme à vouloir éclaircir
ses soupçons mal assurés sur la conduite
de sa femme, on croyait , alors , qu'il suf-
fisait de mettre sous l'oreiller du lit où
son épouse était couchée , un morceau
d'aimant; et qu'après s'être endormie ,
étant interrogée , elle devait sauter du lit
pour répondre aux questions honteuses
et indiscrètes de son époux , et avouer en
même temps le déshonneur de son juge;
et qu'au contraire , étant innocente , elle
chercherait à le caresser et lui prouver sa
fidélité par des desirs pressans (1).

(1) Nam qui scire cupit, sua num sit adultera conjux ,
Suppositum capiti lapidem stertentis adaptet ,
Nam quæ casta manet, petit amplexura maritum ,
Non tamen evigilans , cadit omnis adultera lecto ,
Tanquam pulsa manu subito terrore coacta. MARBOD.

« Épreuve ridicule » (s'écrie à ce sujet avec élégance M. Sonnini, dans ses additions à Buffon, pag. 77, tom. xv) « qui
» retenait dans les bornes de l'honnêteté
» quelques femmes disposées à les fran-
» chir, mais qui ne pouvait commander
» l'affection à laquelle on n'a des droits
» que par les prévenances, l'aménité du
» caractère et les épanchemens de la sen-
» sibilité et de la confiance ; véritable
» aimant qui attire et unit les cœurs,
» tandis que la dure et sombre défiance
» les effarouche et les divise. »

Les modernes ont su diriger l'aimant vers un but plus utile à l'humanité. L'aimant appliqué sur le front, selon le témoignage du célèbre Aldrovandi (1), passait, de son temps, pour un remède assuré contre les maux de tête. L'abbé Lenoble dit aussi s'en être servi efficacement à la guérison des douleurs de dents et de plusieurs autres affections nerveuses (2),

(1) *Aldrovandi, de Mineralibus, v°. Magnes.*
(2) Mémoires de la Société royale de Médecine de Paris, avec les divers rapports et avis publiés
dans

dans le même temps que M. Darquier,
qu'on regarde comme le premier qui ait
répété en France les essais de M. Klarich
dans les maux des dents, se servait de
cette méthode avec succès.

Il n'a pas été possible jusqu'à présent
de déterminer avec quelque certitude
l'époque précise où a commencé à être
connue la force aussi surprenante qu'utile
de la propriété directive de l'aimant.

Nous avons suffisamment démontré
que les anciens n'ont connu que sa propriété attractive : ils savaient que le fer,
de quelque côté qu'on le présente, est
toujours attiré par l'aimant ; ils n'igno-
raient pas non plus que deux aimans,
présentés l'un à l'autre, s'attirent ou se
repoussent ; mais la connaissance de la
direction magnétique n'est pas bien reculée.

par cette compagnie en 1777. Voyez aussi à ce
sujet l'article intéressant de l'*Attraction*, dans le
premier volume de la Physique générale et particulière, par M. de Lacépède, grand-chancelier
de la légion d'honneur.

C

La première fois qu'il paraît avoir été
fait mention de cette force, n'est que dans
un passage d'un certain livre qui n'existe
plus, ou qui peut-être n'a jamais existé,
attribué à Aristote, sous le titre *de Lapidibus*. Le premier qui a cité cet ouvrage,
jusqu'alors inconnu, fut Vincent de Beauvais, appelé généralement *Bellovacensis*,
dans un ouvrage qui porte le titre de *Speculum historicum* (1). Le même ouvrage
a été cité ensuite par Albert-le-Grand,
dans son *Traité des Minéraux*, et il dit
qu'on y trouve la description de la force
que l'aimant communique au fer de se
tourner vers le pôle; il ajoute que les mariniers se servaient de ce fer regardant le
septentrion, dans leurs voyages (2).

La description de cette espèce d'instrument, attribuée à Aristote, et telle
qu'Albert-le-Grand la rapporte en propres

(1) *Tom. I, lib. VIII, cap.* 19.

(2) *Tract. II, cap.* 6. Cet ouvrage d'Aristote,
avec le titre *de Lapidibus*, dont l'auteur dit n'a-
voir vu qu'un extrait, ne se trouve dans aucun
recueil manuscrit ou imprimé.

termes, outre qu'elle est faite dans un style barbare, contient en outre une erreur de fait dont Aristote n'aurait pas été capable, s'il en eût été vraiment l'auteur (1); car, bien loin que la direction de l'aimant soit telle qu'on la décrit dans ce livre, la pointe du fer aimanté qu'on suppose dirigée vers le couchant, doit au contraire toucher, comme elle touche toujours, à l'angle, ou, pour mieux dire, au pôle méridional de l'aimant; et par conséquent celle qui doit tourner vers le point opposé, touchera nécessairement à l'angle ou pôle septentrional.

D'ailleurs, les noms barbares de *Zoron* et d'*Aphron*, rapportés dans le texte cité pour indiquer les pôles, et que le savant

(1) *Angulus magnetis cujusdam, est cujus virtus convertendi ferrum est ad* Zoron, *hoc est ad septentrionem, et hoc utuntur nautæ. Angulus verò alius magnetis illi oppositus trahit ad* Aphron, *id est polum meridionalem. Et si approximes ferrum versùs angulum* Zoron, *convertit se ferrum ad* Zoron : *et si ad oppositum angulum approximes, convertit se directè ad* Aphron. Alb. Magn., *Tract. de Miner.*, l. c.

C 2

Lipenius (1), n'a pu reconnaître ni pour
grecs, ni pour hébreux, ni pour chal-
déens, ni pour arabes, quoi qu'en dise
l'abbé Andres, qui les attribue gratuite-
ment à ces derniers, démontrent, avec la
plus grande évidence, que ce livre n'é-
tait pas ancien ; qu'Aristote ne pouvait
pas en avoir été l'auteur, mais qu'on le
lui avait attribué pour lui donner du
crédit, comme Cabæus l'a jugé (2).

L'erreur dans laquelle est tombé l'auteur de cet ouvrage, sur la direction de
l'aimant vers les pôles ; la manière avec
laquelle de Beauvais et Albert-le-Grand
décrivent la propriété de ce minéral,

(1) *Ex portentosis istis nominibus polorum* Zoron *et* Aphron Azon, *quæ nec græca, nec hæ-
braïca, nec chaldea, nec arabica sunt colligo,
et librum et locum esse suppositum.* Mart. Lipen,
de Ophir. Salom. navigat., cap. v, *sect.* III,
§. 36.

(2) *Conjicere possumus libellum illum non esse
Aristotelis, sed alicujus ex priscis Arabibus, qui
ut illi auctoritatem colligeret specioso Aristotelis
nomine inscripsit.* Cabæus, *de Magnete, lib* I,
cap. 6.

c'est-à-dire , comme un phénomène merveilleux , me déterminent à croire que
la connaissance de sa force directive était
tout à fait nouvelle dans le temps où ils
écrivaient, ou du moins qu'on avait commencé à la connaître très-faiblement à
une époque peu reculée d'eux , comme
je le prouverai par la suite.

Vincent de Beauvais a écrit sans doute
avant Albert-le-Grand , car il mourut
l'an 1262 , ou , comme le prétend le P.
Echard, en 1264 : ainsi cette découverte
se rapporterait environ à l'an 1244, époque à laquelle il termina son *Speculum
historicum ;* tandis qu'Albert-le-Grand
ne mourut qu'en 1280. Il est donc démontré , contre l'opinion de ceux qui
s'appuient de la seule autorité d'Aristote,
pour donner la connaissance de la Boussole aux anciens, que la force directive
de l'aimant n'a pas été connue avant la
fin du treizième siècle , c'est-à-dire, vers
le temps où les navigateurs européens
commencèrent à mettre en usage la Boussole. Je dirai donc , avec l'érudit Fal-

conet, que la propriété attractive de l'aimant a été la seule qui ait excité l'admiration des anciens (1).

A ces preuves incontestables , j'ajou-
terai que pour peu que les anciens y eussent fait attention , il était très-aisé de
deviner alors qu'il y avait des espaces
immenses à découvrir vers l'occident du
globe ; car, en comparant la partie déjà
connue , par exemple, la distance de l'Espagne à la Chine, et en réfléchissant au
mouvement de la rotation de la terre et
des astres , il était facile de s'apercevoir
qu'il restait encore à découvrir une étendue bien plus grande vers l'occident, que
celle qu'on connaissait déjà vers l'orient.

Ce n'est donc pas au défaut de connaissances astronomiques que l'on doit
attribuer l'ignorance des anciens relativement aux moyens de découvrir le

(1) « On peut donc dire que la vertu d'attirer
» le fer a été le seul endroit par où l'aimant a ex-
» cité l'admiration des anciens. » Falconet, *Dissertation histor. et crit. sur ce que les anciens ont
cru de l'Aimant.*

Nouveau - Monde , mais uniquement au
défaut de la Boussole.

Ceux qui croient retrouver toutes les
découvertes chez les anciens , peuvent
opposer à mon système quelques passages de Platon et d'Aristote , où ils parlent de terres fort éloignées au-delà des
colonnes d'Hercule : ils s'appuient aussi
de prétendus voyages des Grecs , des
Phéniciens et des Carthaginois , dont on
cite les Périples , tels que celui de Scilax
dans la Méditerranée , d'Arrien dans la
mer Rouge et le Pont-Euxin , d'Himilcon
vers la côte occidentale d'Espagne , de
Pithéas dans la mer du Nord , et d'Hannon sur les côtes d'Afrique , qui paraît
le voyage le plus considérable des anciens
peuples. Des savans distingués ont voulu
commenter ce Périple avec beaucoup
d'érudition et de conjectures , tels que
MM. d'Ocampo , Campomanez , Bougainville et Peuchet (1). Je ne veux point

(1) Florian d'Ocampo , *Historia antigua de
España*, lib. III, cap. 9. Campomanez , *Illustra-
cion al Periplo de Hannon* , p. 13. Bougainville,

disputer ici la réalité de ce voyage : les fables dont il est entremêlé, et que Pline même a su relever (1), présentent beaucoup de doutes, et m'entraîneraient loin de mon sujet, si je voulais le discuter ; je le ferai peut-être un jour : il me suffira de dire, pour le moment, que toutes ces navigations, quoique décrites avec beaucoup de détails pompeux, n'ont été exécutées qu'en rasant les côtes, sans oser jamais s'avancer en pleine mer; et que si quelques–uns de ces anciens navigateurs avaient été poussés par la tempête dans l'Océan, ils n'en étaient revenus qu'au

Mémoires sur les Découvertes et le Commerce des Carthaginois, insérés dans les Mém. de l'Acad. des Inscript., année 1754. Peuchet, *Recherches sur l'état et le commerce des anciens*, dans sa Bibliothèque commerc., tom. II, pag. 101 et suiv.

(1) *Fuere et Hannonis Carthaginensium ducis commentarii, Punicis rebus florentissimis explorare ambitum Africæ jussi, quem sequuti plerique è Græcis nostrisque, alià quædam fabulosa, et urbes multas ab eo conditas ibi prodidere, quarum nec memoria ulla, nec vestigium extat.* Plin. *Hist. nat., lib. V, cap.* 1.

bout de plusieurs années, et avec des peines infinies ; d'où on peut aisément conclure que , quand même les anciens eussent été persuadés de l'existence du nouveau continent au-delà de l'Océan , par la relation de ces navigateurs , ils n'auraient pas même pensé qu'il fût possible de s'y frayer des routes abrégées , sans côtoyer le continent de l'Afrique, n'ayant aucun guide assuré , puisqu'ils n'avaient aucune connaissance de la force directive de l'aimant, et encore moins de la Boussole (1).

Je crois donc avoir démontré , tant par

(1) Le P. Mariana, quoique très-porté en faveur de la navigation des anciens , ne peut s'empêcher de reconnaître parmi eux le défaut de moyens pour faire des découvertes importantes, c'est-à-dire , l'ignorance où ils étaient de la force directive de l'aimant. Voici comme il s'exprime à ce sujet, dans son *Histoire d'Espagne* , *lib. 1* , *cap.* 22 : « La navegacion de Hannon fue mas » larga que la de Himilcon, y la mas famosa que » succedió ; y se hyzo en los tiempos antiquos ; y » que se puede iqualar con las navegaciones mo- » dernas de nuestro tiempo , quando la nacion

le défaut absolu de monumens historiques , que par la faiblesse de leurs entreprises maritimes, que les anciens n'ont
point eu la connaissance de l'aiguille aimantée. Je vais examiner maintenant si
d'autres na tions peuvent s'attribuer la
gloire de s'en être servies avant les Européens.

» espanola con esfuerzo invencible ha penetrado
» las partes de Levante, y de Poniente; y aun
» aventajarse à ellas por no tener noticia entonzes
» de la piedra *Imàn*, y de la aguja; ni saber el
» uso assi de ella, como del quadrante : por donde
» no se atrevian à meter, y alargarse muy adentro
» en el mar. »

ARTICLE SECOND.

De la connaissance de la Boussole chez les Chinois.

PLUSIEURS écrivains modernes, amateurs de paradoxes, ont voulu attribuer l'invention de la Boussole aux Chinois : aucun d'eux n'a cependant réussi à déterminer dans quel point de cette infinité imaginaire de siècles où, selon leur imagination romanesque, se perdent leurs époques (1), les Chinois ont fait une telle

(1) Il y a en Chine une secte appelée *Laokium* : ceux qui la professent admettent une longue suite de siècles antérieurs à Fo-Hi, soit qu'ils aient considéré que les inventions relatives aux arts et aux métiers ne sauraient être renfermées dans un cercle si étroit, soit qu'ils aient quelque penchant pour le système de la transmigration des ames ; car tous les peuples qui croient à la transmigration des ames, font le monde beaucoup plus ancien que ceux qui ne la croient pas, comme on le voit

découverte. Séparés de l'Europe par une
immensité de mers et par des distances

par la prodigieuse période des Thibétains et des
Indous, qu'on soupçonne avoir été portée à la
Chine, où elle a donné lieu à imaginer ce que
le prince Ulug-Belg, neveu de l'empereur Ta-
merlan, appelle l'*époque du Cathai*; et on sait que
cette époque, encore suivie aujourd'hui, remonte
à plus de quatre-vingt-huit millions d'années avant
notre ère. Voyez l'ouvrage intitulé : *Epochæ cele-
briores Cathaiorum*, pag. 5o, in-4°., édition de
Londres.

Les monnaies d'or et d'argent, qui sont si propres à se conserver dans les différentes substances
terrestres, n'ont presqu'aucune antiquité en Chine.
Aucune tradition discutée de bonne foi, selon
M. Freret (*Mémoires de l'Académie des Inscriptions, tom. xviii, pag.* 45), ne remonte à l'an
36oo avant J. C. Ainsi, les plus anciennes mé-
dailles indiennes ne passeraient pas la date de
cette époque. Les *Bramines* disent cependant
qu'avant la période de *Cal-Jougam*, il s'en était
écoulé trois autres. Vouloir fixer la chronologie
de la Chine, c'est une entreprise dont on pourrait
dire ce que disait Pline de ceux qui veulent com-
prendre la nature de Dieu : *Furor est, profecto
furor.*

difficiles à franchir, si on voulait communiquer par terre ; privés de la correspondance civile et littéraire à laquelle ont
donné lieu ou nos fautes, ou leur caractère méfiant et soupçonneux, les Chinois
peuvent bien se vanter d'avoir eu, depuis
le temps de leur prétendu *Yao*, qui n'a
peut-être jamais existé, c'est-à-dire, depuis plus de quarante mille ans, un tribunal de mathématiciens, et rapporter
à une égale antiquité des observations
astronomiques ou la connaissance des
principes de géométrie chez eux ; mais ils
ne prouveront jamais qu'ils aient contribué en rien à nos découvertes, ni que
les Européens leur doivent de la reconnaissance pour les beaux-arts. Quand on
a une fois connu la vanité des Chinois et
leur peu de scrupule sur les mensonges
historiques, il est facile d'apprécier à sa
juste valeur tous les rapports merveilleux
qu'ils ont faits de leur instruction antique
dans les sciences exactes, et de leurs découvertes.

Le célèbre Vossius, si fameux par son

érudition, et si décrié par la faiblesse de
son jugement, dans ses *Relations sur la
grandeur des villes de la Chine*, voulant
exalter les connaissances et les talens de
ses habitans, qu'il appelle faussement *Seri*,
tandis qu'il aurait dû les nommer *Sinenses* (1), n'a pas hésité d'avancer, sans en
donner de preuves, que leurs découvertes surpassaient de beaucoup, soit en
nombre, soit en mérite, toutes celles déjà
faites par les nations anciennes et modernes de l'univers (2).

Je veux bien croire, pour un moment,
au mérite des Chinois dans les manufac-

(1) Les *Seri* sont les peuples qui occupent la
partie septentrionale de la Chine; tandis que les
Sinenses sont les vrais Chinois, habitant la partie
méridionale de ce grand continent.

(2) *Si quis omnium, quæ sunt vel olim fuere
gentium præclara simul congerat inventa, quamtumvis ea multa et memoratu digna censeantur;
tanta tamen, et talia non erunt quin longè inveniantur plura, et meliora, quæ à solis reperta
seribus.* Vossius, *de Magnitudine Sin. urb.,*
cap. XIV.

tures , comme le dit l'auteur de la seconde
relation indienne *Abuzeid-el-Hazen* (1) ;
et je rapporterai même ici ce que l'on a
attribué au Sarrazin *Muza*, conquérant
de l'Espagne, lequel paraît avoir dit que
lorsqu'on donna la science aux hommes,
on la distribua sur différentes parties de
leurs corps, c'est-à-dire, dans la tête des
Grecs, dans la langue des Arabes, et
dans les mains des Chinois ; mais, malgré
cette plaisante distribution scientifique ,

(1) « Les Chinois, dit cet écrivain, p. 63, sont
» les plus adroits de toutes les nations du monde
» en toutes sortes d'arts, et particulièrement dans
» la peinture; et ils font de leurs mains des ou-
» vrages d'une si grande perfection, que les au-
» tres ne peuvent les imiter. » Cet auteur ne connaissait pas vraisemblablement d'autre peinture
que la chinoise, pour l'avoir exaltée à ce point; car,
excepté la vivacité des couleurs dont ils se servent
pour peindre grossièrement des fleurs sur les étoffes de soie, et des figures indiennes sur le papier et
sur les porcelaines, que nous trouvons belles par
caprice, ils pèchent entièrement par le dessin,
ils n'ont point de goût dans le choix, et ils n'in-
ventent jamais.

faite à ces trois nations au détriment du reste du genre-humain, je doute très-fort que les découvertes chinoises surpassent les nôtres : je crois au contraire pouvoir démontrer bientôt que la Chine doit, sinon tout, du moins beaucoup aux Européens, dans les sciences et les beaux-arts.

Si on voulait s'en tenir aux témoignages de certains écrivains qui ont une réputation établie, on risquerait de rester toujours dans l'illusion : ainsi je crois nécessaire d'entrer dans des discussions à ce sujet, pour approfondir la vérité et préparer d'avance les preuves de mon opinion.

En consultant l'histoire de la Chine, on s'aperçoit bientôt qu'il existe dans cet Empire un enchaînemeut de causes physiques et morales qui ont tenu les sciences et les beaux-arts dans une éternelle enfance. Tous ceux qui prétendent nous donner des instructions sur les antiquités des Chinois, disent, par exemple, que le secret de tailler et de polir le marbre leur est connu depuis plus de quatre mille ans :

ans : cependant nous sommes très-con-
vaincus aujourd'hui qu'ils n'ont jamais fait
une belle statue. Il y a aussi très-long-
temps sans doute qu'ils manient le pinceau ;
ils s'en servent même tous les jours ; et
malgré cette grande habitude, leurs pein-
tres ne paraissent pas plus avancés que
leurs sculpteurs. Il est vrai que le peu
de progrès qu'ils ont faits dans ces arts
mécaniques, ne les rend pas inférieurs
aux autres peuples de l'Asie méridionale
et de l'Afrique ; mais ce qui les rend inférieurs à tous les peuples policés, et
principalement aux Européens, c'est leur
ignorance dans l'astronomie et dans la
nautique, comme nous le verrons bientôt.

Raynal (1), après avoir comblé d'éloges les Chinois, tâche d'excuser leur ignorance dans les sciences et dans les arts.
Voici comme il s'explique à ce sujet :
« Cependant il faut avouer que la plupart
» des connaissances, fondées sur des
» théories un peu compliquées, n'y ont
» pas fait les progrès qu'on devait natu-

(1) Histoire phil. et polit., *lib. 1.*

D

» rellement attendre d'une nation an-
» cienne, active, appliquée, qui depuis
» très-long-temps en tenait le fil : mais
» cette énigme n'est pas inexplicable. La
» langue des Chinois demande une étude
» longue et pénible , qui occupe des
» hommes tout entiers durant le cours de
» leur vie. Les rites , les cérémonies qui
» font mouvoir cette nation , donnent
» plus d'exercice à la mémoire qu'au sen-
» timent : les manières arrêtent les mou-
» vemens de l'ame, en affaiblissent les
» ressorts. Trop occupés des objets d'uti-
» lité , les esprits ne peuvent pas s'élan-
» cer dans la carrière de l'imagination.
» Un respect outré pour l'antiquité les
» asservit à tout ce qui est établi : toutes
» ces causes réunies ont dû ôter aux Chi-
» nois l'esprit d'invention. Il leur faut
» des siècles pour perfectionner quelque
» chose ; et quand on pense à l'état où
» se trouvaient chez eux les arts et les
» sciences , il y a trois cents ans, on est
» convaincu de l'étonnante durée de cet
» Empire. »

D'autres écrivains fanatiques, voulant
accorder aux Chinois l'honneur de l'invention de la Boussole, disent que Paulus
Venetus, autrement appelé Marc-Paul,
l'avait apportée de la Chine en Europe,
l'an 1260 de notre ère : ils avancent ce
fait sans autre preuve que celle du rapport même, c'est-à-dire, que Marc-Paul
avait été à la Chine ; et qu'ensuite, lorsque les Portugais y furent, ils y avaient
trouvé la Boussole fort en usage parmi
les Chinois et les autres peuples orientaux, qui leur assurèrent s'être servis de
cet instrument depuis plusieurs siècles.
Ce récit est si vague et si mal fondé, qu'il
ne mérite pas la peine d'être réfuté ; d'autant moins que nous avons, dans les relations faites par le même Marc-Paul sur
ces contrées, des détails qui prouvent
bien le contraire, comme nous verrons
plus bas. Sans m'arrêter donc à toutes ces
vaines suppositions sur l'invention de la
Boussole par les Chinois, je me bornerai
à démontrer, par l'autorité des meilleurs
auteurs et des plus judicieux historiens,

l'impossibilité de cette découverte parmi
eux.

Les Chinois n'eurent jamais d'autre
Boussole , selon Fournier , Pluche et
Trombelli (1), qu'un simple vase rempli
d'eau, dans lequel surnage une aiguille
aimantée qu'on y pose sur un morceau de
paille ou de liége.

Les auteurs de l'*Histoire universelle* (2)
en parlent autrement, à l'appui d'une
lettre du P. d'Entrecolles, missionnaire à
la Chine, dans laquelle il assure, comme
témoin oculaire, que les Chinois ont une
espèce de Boussole dont l'aiguille n'est
autrement aimantée que par le moyen
d'une pâte rougeâtre qui communique au
fer la vertu magnétique de se tourner
vers le pôle septentrional (5). Ces histo-

(1) Fournier, *Hydrographie* , liv. ii, chap. 1 ;
Pluche , *Spect. de la nat.*, v°. Boussole ; Trombelli , *Dissert.*, n. 25 , §. 1.

(2) *Hist. univers.* , par une Société de gens de
lettres, tome 20, page 141, édit. *in-8°*. Londres.

(3) C'est une composition bien singulière que
l'on fait du cinabre, de l'orpiment, de la sanda-

riens ajoutent en cet endroit, que la superstition des Chinois est si grande à ce
sujet, que non-seulement ils regardent
la Boussole comme miraculeuse , mais
aussi qu'ils l'adorent comme une divinité,
puisqu'ils l'encensent avec des parfums ,
et lui offrent des viandes en sacrifice.
D'où l'on peut conclure avec Fabritius (1)
que cette pratique chinoise tient plus à la
magie qu'à des connaissances physiques,
et que la superstition est plus invétérée

raque et de la limaille de fer. Après avoir réduit
ces drogues en poudre très-fine , on les trempe
dans du sang extrait des crêtes de coq. On frotte
ensuite, avec cette pâte, des aiguilles de fer, que
l'on fait rougir au feu, et on les porte ensuite sur
soi de contact à la peau de l'estomac. On dit que
d'après cette singulière opération, ces aiguilles
acquièrent la vertu de montrer la direction aux
pôles. Qu'en diront nos chimistes et nos naturalistes modernes? Si j'en étais un , j'aurais la curiosité d'en faire l'essai.

(1) *Pixis quoque, cujus à ter mille annis usum
fuisse aiunt apud Sinenses, ñon magnetica , et
nautica, sed sortilega est.* Fabritius, *Bibliogra-
phia antiquaria ,cap.* 21.

chez eux que toute autre connaissance des phénomènes de la nature.

Le célèbre Kirker, dans son traité *de Magnete*, assure positivement qu'ayant consulté tous les voyageurs les plus sensés et les plus instruits dans les affaires de cet Empire, il n'en a pu trouver aucun qui lui ait fourni le moindre indice sur la connaissance de la Boussole parmi les Chinois (1).

J'ignore si les Chinois conservent encore l'usage de cette espèce de Boussole que je viens de décrire, ou s'ils ont adopté la nôtre, comme il paraît par la manière avec laquelle ils voyagent aujourd'hui dans les mers des Indes (2); mais je puis

(1) *Non desunt qui velint ex China per Paulum-Marcum venetum verticitatem magnetis anno 1260 Europæ primùm innotuisse. At quamvis ego singulari diligentia rem exquisierim, ex iis tamen, qui in China fuerunt, quique annales Chinensium optimè novunt, nihil de rei veritate cognoscere potui.* Kirker, *de Magnete, lib. 1, cap. 6.*

(2) Je ne sais pas jusqu'à quel point mérite d'être cru le rapport fait par sir Georges Staunton,

dire, sans crainte d'être démenti, que
leur nautique, pour me servir de l'ex-

éditeur du *Voyage dans l'intérieur de la Chine*,
par le lord Macartney, en parlant de la Boussole,
dont les Chinois se servent aujourd'hui. Il dit,
tom. II, pag. 7 et suiv. de la traduction française,
par M. Castera : « Que la petite aiguille de la Bous-
» sole des Chinois a un grand avantage sur les ai-
» guilles dont on se sert en Europe, relativement
» à l'inclinaison vers l'horizon ; ce qui, dans celles
» d'Europe, exige qu'une extrémité soit plus pe-
» sante que l'autre, pour contrebalancer l'attrac-
» tion magnétique. Mais cette nécessité étant dif-
» férente dans les différentes parties du monde,
» l'aiguille ne peut être véritablement juste que
» dans l'endroit où elle a été construite ; au lieu
» que le poids qui est au dessous du point de sus-
» pension, dans les courtes et légères aiguilles sus-
» pendues suivant la méthode des Chinois, suffit
» de reste pour vaincre le pouvoir magnétique de
» l'inclinaison dans toutes les parties du globe :
» aussi ces aiguilles n'ont jamais de déviation dans
» leur position horizontale, etc. » Malgré toutes
ces belles observations anglaises, nous savons, à
ne pas en douter, que la sphère de la navigation
des Chinois est encore trop bornée pour que l'é-
tude et l'expérience aient pu produire un système.

pression de Trombelli (1), est encore dans l'enfance, puisqu'ils n'ont jamais hésité de prendre des Européens pour maîtres dans les sciences exactes, et de profiter de nos découvertes, ainsi que de nos instrumens astronomiques et mathématiques, des horloges qu'ils n'avaient jamais su construire, et de quantité d'autres instrumens particuliers à l'Europe.

« Quel fond peut-on faire, dit à ce » sujet M. Goguet (2), sur la certitude

raisonnable sur les lois de la variation de l'aimant : nous savons aussi que la connaissance de sa tendance vers les pôles suffit à tous les besoins qu'ont les Chinois, et que leurs recherches sur la plupart des sujets paraissent avoir été dirigées principalement, mais d'une manière trop circonscrite, vers l'utilité qui pouvait immédiatement résulter d'une pratique suivie.

(1) *Qui (Sinenses)*, *ne videantur per Europeos profecisse*, *in veteri instituto*, *et si ità loqui liceat*, *in ipsa navigationis infantia adhuc permanent.* Trombelli, *Dissertatio*, n. 25, §. 1.

(2) Goguet, *Origine des lois*, *des arts et des sciences*, tom. III, Dissert. 3, pag. 293, édit. de Paris, *in-4°.*

» chronologique chinoise pour les pre-
» miers temps , lorsqu'on voit ces peu-
» ples avouer unanimement qu'un de
» leurs plus grands monarques , ennemi
» par intérêt des traditions anciennes et
» de ceux qui pouvaient les savoir , fit
» brûler tous les livres qui ne traitaient
» ni d'agriculture , ni de médecine , ni de
» divination ; anéantir tous les monu-
» mens ; et s'attacha , pendant plusieurs
» années , à détruire tout ce qui pouvait
» rappeler la connaissance des temps an-
» térieurs à son règne ? Quarante ans
» environ après sa mort , on voulait ré-
» tablir les monumens historiques. Pour
» cet effet , on recueillit , dit-on , les *ouï-*
» *dire des vieillards ;* on déterra , ajoute-
» t-on , quelques fragmens des livres
» échappés à l'incendie général. On re-
» joignit , comme l'on put , ces différens
» lambeaux , et du tout on tâcha d'en
» composer une histoire suivie. Ce ne fut
» néanmoins que plus de cent cinquante
» ans après la destruction de tous les
» monumens, c'est-à-dire , l'an 37 avant

» J. C. , qu'on vit paraître un corps com-
» plet de l'ancienne histoire. L'auteur
» même, *Sée-Ma-Tsien*, qui la composa,
» eut la bonne-foi d'avouer *qu'il ne lui*
» *avait pas été possible de remonter avec*
» *certitude 800 ans au-delà des temps*
» *auxquels il écrivait......* »

« A l'égard des observations astrono-
» miques, ajoute-t-il, dont on a cherché
» à étayer les prétendues antiquités chi-
» noises , il y a long-temps que le célèbre
» Cassini , et plusieurs autres écrivains
» de mérite , en ont assez dit pour dé-
» créditer tout cet appareil visiblement in-
» séré après coup. La supposition même
» est si sensible , qu'elle a été aperçue par
» quelques lettrés , malgré le peu d'idée
» qu'en général les Chinois ont de la cri-
» tique. On peut assurer hardiment que
» jusqu'à l'an 206 avant J. C. , leur his-
» toire ne mérite aucune croyance. C'est
» un tissu perpétuel de fables et de con-
» tradictions ; c'est un chaos monstrueux
» dont on ne saurait rien extraire de
» suivi et de raisonnable. »

Nous savons encore par Renaudot , dans son excellente dissertation *sur les Sciences des Chinois* (1), qu'ils reçurent , avec les plus grands transports d'admiration , l'abrégé des *Connimbres* , tiaduit par les missionnaires ; que les élémens géométriques d'Euclides leur parurent tout à fait nouveaux ; et que les Jésuites Schall , Werbiest et Grimaldi, ont dû réformer le calendrier chinois , qui était rempli de fautes très-grossières ; opération qui leur valut d'être nommés présidens du tribunal des mathématiciens , et mandarins du premier ordre , quoiqu'à dire le vrai, avant leur départ pour cette mission , ils n'eussent pas une grande réputation d'astronomes , en Europe.

Or, s'il est vrai que les Chinois ont observé les astres depuis tant de siècles , comment se fait-il qu'ils ne sont pas encore de nos jours en état de composer un

(1) Les Chinois n'ont point de sciences ; et leur religion , aussi bien que la plupart de leurs lois, tiennent leur origine des Indiens. Renaudot, *Dissertation sur les Sciences des Chinois ,* pag. 15.

calendrier ? Aussi nous savons qu'il leur
est souvent arrivé , et qu'il leur arrivera
probablement encore fort souvent , de
faire , par une fausse intercallation , l'année de treize mois , lorsqu'elle ne doit
être que de douze. On en eut un exemple
mémorable en 1670 , et personne , dans
toute l'étendue de ce vaste Empire , ne
s'aperçut de l'erreur , hormis quelques
Européens qui se trouvaient à Pekin par
hazard , et qui y acquirent la réputation
de grands philosophes ; parce qu'ils prou-
vèrent évidemment qu'il s'était glissé dans
l'année alors courante un mois de plus ,
qu'on s'empressa bientôt de retrancher ,
en punissant toutefois du dernier sup-
plice le malheureux calculateur qui avait
commis cette faute dans ses éphéméri-
des (1).

(1) La nouvelle édition qu'on fit en cette année
de quarante-cinq mille *Tangsio,* ou calendriers plus
corrects, dont on envoya trois mille dans chaque
province, aurait suffi pour réparer ce mal ; car il
paraît qu'un astronome qui avait fait l'année de
treize mois, ne méritait pas de perdre sa tête sur
l'échafaud.

Le P. Gaubil a fait de grands efforts
pour convaincre les savans de l'Europe
que les anciens Chinois étaient très-éclai-
rés , mais que leurs descendans , insen-
siblement abrutis , étaient tombés dans
l'ignorance (1) : mais cet auteur n'a point
fourni de preuves de cette assertion ,
qui paraît gratuite et même très-fausse ;
car , si cela était ainsi , les astronomes
qui vivaient sous la dynastie des *Hans*,
auraient déterminé dans leurs écrits la
véritable figure de la terre , et nous n'au-
rions pas vu , quelques années après ,
d'autres astronomes chinois, qui devaient
avoir ces écrits-là sous les yeux, soutenir
opiniâtrement que la terre est carrée.

C'est bien donc l'excès de la folie et de
l'enthousiasme que de vouloir qu'un tel
peuple , nourri dans un système si ab-
surde , ait été en état d'écrire ses annales
l'astrolabe à la main , et qu'il ait vérifié ,
comme le disent certains fanatiques ,

(1) *Histoire abrégée de l'Astronomie chinoise,*
tom. II, pag. 2 et suiv.

l'histoire de la terre par l'histoire du
ciel : mais nous n'ignorons pas que les
Chinois étaient aussi peu versés dans
l'histoire de la terre, qu'ils faisaient carrée, que dans l'histoire du ciel, où ils
supposaient les planettes aussi élevées
que les étoiles : ils n'ont pas la moindre
idée des longitudes, puisque, selon le
témoignage du P. Kirker, ils soutien-
nent que toutes les villes de la Chine
sont situées sous le trente-sixième degré (1).

Nous savons encore que malgré les
instructions astronomiques que les Chinois ont reçues du P. Werbiest, qui avait
été long-temps président du tribunal des
mathématiques, comme l'a été depuis le
P. Hallerstein, jésuite allemand, leurs
calculs sur les éclipses se sont trouvés
faux ; et que le savant Cassini, en examinant l'observation d'un solstice d'hiver
très·célèbre, dans les fastes de la Chine,

(1) Kirker, *China illustrata*, fol. 102, édit.
d'Amsterdam, de 1667.

y a découvert une erreur de plus de quatre cent quatre-vingt-dix-sept ans (1).

D'après ces preuves incontestables de l'ignorance des Chinois dans l'astronomie et les mathématiques, on peut juger jusqu'à quel point on doit apprécier tout ce que le P. Martini a voulu dire sur les connaissances extraordinaires qu'il leur attribue avec tant de partialité. Cet historien prétend (2) que la Boussole est connue à la Chine depuis plus de trois mille ans (3).

(1) *Mémoires de l'Académie des Sciences de Paris*, tom. VIII, *in-4°*.

(2) Martini, *Historia Sinica*, pag. 106. Il est pénible qu'on ait tant de faussetés à objecter à ceux qui ont été prêcher la vérité au bout du monde. Si ces hommes apostoliques, étourdis par leur enthousiasme, ont si mal vu les choses, ils auraient dû au moins, par respect pour la raison et pour le bon sens, s'abstenir de les décrire. On n'a pas exigé d'eux des relations où les miracles sont répandus avec tant de profusion, qu'on y distingue à peine deux ou trois faits, qui peuvent être plus ou moins vraisemblables.

(3) M. Esménard, dans son beau poëme de la

Le P. Amiot , autre missionnaire à la
Chine , voulant instruire les Européens
sur les inventions des Chinois , atteste

navigation, a suivi cette opinion , dans les vers
suivans du chant V°.

L'Inde ne vit en nous que des enfans cruels.
De ces peuples nombreux les rapports mutuels,
Sa police , son culte , une langue divine ,
Tout du monde vieilli trahissait l'origine.
Elle avait , avant nous , nos arts ingénieux ,
Ces arts qui l'opprimaient par nos bras furieux ;
Elle avait su creuser, sans ravager la terre ,
Le tube où le salpêtre allume le tonnerre ;
Le fer étincelait dans ses débiles mains ;
L'aimant loin de ses ports dirigeait ses marins ;
A ses frêles vaisseaux elle attachait des voiles ;
Ses pilotes lisaient sur le front des étoiles.
L'Europe ambitieuse a pu la surpasser ;
Mais , sourde à nos leçons , elle aime à repousser
De ses maîtres altiers la science flétrie ;
Fidèle à ses erreurs , son antique industrie
Ne s'éclaire jamais par un effort nouveau ,
Et ses arts, déjà vieux , sont encore au berceau.

J'ignore si c'est un trait d'imagination poétique
que cet aimable écrivain s'est permis dans ces vers;
mais , dans ce cas , il aurait mieux fait de suivre
l'opinion la plus vraisemblable et conforme aux
faits historiques sur lesquels elle est appuyée. Or ,
s'il a cru, comme il l'a dit à la note 34 , tom. II,

égalemeut

également l'invention de la Boussole chez
les Chinois ; il la rapporte au premier cycle
du premier tri-cycle, sous le règne de
Hoang - Ty, qui correspond à l'année

pag. 66, « que tous les arts connus , et peut-être
» inventés dans l'Inde , y sont restés dans l'en-
» fance, comme l'artillerie , parce qu'elle tient à
» des connaissances mathématiques beaucoup
» plus cultivées chez nous que chez les orientaux;
» que par la même raison , la marine et la navi-
» gation n'ont pas fait des progrès plus rapides
» chez les nations de l'Asie, même parmi celles
» qui ont conservé leur indépendance ; s'il est
» vraisemblable, comme il dit, que les Jonques
» chinoises et les Champans japonais sont encore
» aujourd'hui ce qu'ils étaient il y a deux mille
» ans. » Comment donc était-il possible que *l'aimant, loin de ses ports , dirigeait ses marins ,* et
que *l'Inde ,* depuis un temps infini, *et avant nous ,
avait nos arts ingénieux ?* Et qu'*a ses frêles vaisseaux elle attachait des voiles ?* Mais , si l'Inde, si
éclairée avant nous , avait déjà la Boussole, pourquoi *ses pilotes lisaient sur le front des étoiles ?*
M. Esménard trouvera la solution de ces problèmes dans l'étendue de ses connaissances , s'il ne
juge pas suffisantes les preuves contraires que j'ai
rapportées dans cet article.

E

2637 avant J. C. (1). Il s'exprime dans les
termes suivans :

« *Hoang-Ty* , s'étant égaré en poursui-
» vant *Tche-Yeon* , inventa, pour diri-
» ger sûrement ses pas dans un pays qui
» lui était probablement inconnu , une
» manière de char, au dessus duquel ,
» suivant le sentiment de plusieurs inter-
» prètes , était une *figure d'esprit* qui
» montrait toujours la partie du midi ,
» de quelque manière que ce char fût
» tourné. Ce char désigne évidemment la
» Boussole....... Quelques-uns assurent
» qu'il y avait aussi un bassin , autour
» duquel on avait gravé les douze heures,
» avec les caractères qui les désignent ,
» et au milieu du bassin une aiguille qui
» marquait le rumb du vent. Je ne dis-
» puterai sur cela , etc. De quelque ma-
» nière que le char désignât les quatre
» parties du monde , il est certain que

(1) *Abrégé chronologique de l'histoire univer-*
selle de l'Empire chinois , par M. Amiot, inséré
dans le 13ᵉ. volume des Mémoires concernant les
Chinois, pag. 234 , n. 3.

» les Chinois ont inventé la Boussole. »
M. Amiot, en rapportant ce fait, qu'il
appuie d'un *dit-on*, aurait dû, ce me semble, mieux l'approfondir avant de prononcer, c'est-à-dire, examiner si ce prétendu *char* n'était pas plutôt un cadran
qu'une Boussole, puisqu'on y avait gravé
les douze heures, qu'il servait aux voyages de terre, et qu'il ne dit pas que l'aiguille fût aimantée : elle ne l'était point
non plus, car il dit lui-même qu'elle marquait le *midi* ; et certes la vertu de la
Boussole est de marquer le *nord*, vers
lequel l'aiguille aimantée se tourne cons-
tamment, dans quelque position qu'elle
se trouve ; et puis, y a-t-il du bon sens
à dire que, *de quelque manière que ce*
char désignât les quatre parties du
monde, il était certain que les Chinois
avaient inventé la Boussole ? Si M. Amiot
s'était mieux informé sur la construction
de ce char, il y a apparence qu'il serait
venu à bout de se convaincre que cet
instrument, auquel il donne aussi gratui-
tement le nom de *Boussole* n'était autre

qu'un cadran solaire ou un globe, sur lequel était dessiné une carte géographique.

Mais, si ce fait est vrai, comment
est-il arrivé qu'ils en aient fait si peu
d'usage ? Pourquoi prirent-ils, dans leurs
voyages à la Cochinchine, une route
beaucoup plus longue et plus périlleuse
qu'il n'était nécessaire ? Par quelle raison
se bornaient-ils à faire toujours les mêmes
voyages, dont les plus grands n'étaient
que jusqu'à Java et à Sumatra ? Enfin,
pourquoi n'auraient-ils pas découvert
avant les Européens une infinité d'îles
abondantes en fruits et très-fertiles, dont
ils sont voisins, s'ils avaient eu l'art de
voyager en pleine mer ? On sait que peu
d'années après la découverte de la merveilleuse propriété directive de l'aimant,
les Européens entreprirent de très-lon-
gues expéditions, comme nous le verrons
plus bas.

La relation du voyage fait à la Chine par
Marc-Paul, vénitien, nous apprend (1)

(1) Ramusio, *Dichiarazione ai viaggi di Marco-
Polo*, tom. II.

que la connaissance de l'île de Saint-Lau-
rent, du Zanguebar et de l'Océan inter-
médiaire, était à cette époque tout à fait
récente pour les Chinois, comme il paraît par la description très-inexacte qu'il
en donne lui-même. Au sud du Mada-
gascar, on ne trouve point ce grand
nombre d'îles qu'il y marque; mais il y
en a plusieurs vers le nord et le nord-est.
Le Zanguebar, qu'il appelle *Zenzibar*,
n'est pas une île, mais bien une partie du
continent. Marc•Paul en détermine la cir-
conférence à deux mille milles ; et avec ce
tour énorme, il en exclut entièrement la
petite île de Zanguebar, située au milieu,
entre les deux îles de *Pemba* et *Monsia*,
également petites.

Il est aussi très-essentiel d'observer, à
ce sujet, qu'on n'avait pas eu encore une
idée exacte de cette partie de l'Afrique,
avant le passage que les Portugais y exécutèrent ; car on voit encore sur le fameux planisphère camaldulais, conservé
à Venise, dans le couvent de Murano,
la pointe de l'Afrique représentée en

forme d'un île séparée du continent comme par un grand fleuve, avec le nom de *Diab*.

Marc-Paul fait aussi connaître le peu d'expérience des navigateurs chinois, lorsqu'il dit, dans sa relation, qu'ils ne savaient point outrepasser le cap dit *des Courrans*, toujours difficile, à la vérité, mais encore plus difficile pour ceux qui s'éloignent le moins du rivage.

Il paraît aussi qu'à l'époque du voyage de Marc-Paul, la Boussole n'était pas encore trop commune à la Chine, comme elle aurait dû l'être, si réellement elle y avait été inventée depuis tant de siècles. En parlant des îles Philippines et des Moluques, il dit qu'elles sont si loin du continent, qu'on ne pouvait les aborder qu'avec la plus grande difficulté (1). Lorsqu'il vient ensuite à décrire l'île de Java, il ajoute que le grand Kan n'a jamais conçu l'idée de la subjuguer, à cause de la longueur du voyage et les grands

(1) Ramusio, *loc. cit., lib. iii, cap.* 4.

risques de la navigation , quoiqu'il sût qu'elle était très-riche en productions (1).

Ces faits sont confirmés par Mairan , qui , en rendant compte d'une lettre du P. Mailla, observe que les Chinois s'éloignaient si peu de leurs côtes, qu'ils n'osaient pas s'avancer en pleine mer pour aborder simplement à l'île *Formose* , qui en était éloignée de quinze lieues , ni à l'île de Ponghau , encore plus près du continent.

Tant de difficultés de naviguer à cette époque , tant de voyages réduits aux seules côtes, sans oser encore s'éloigner de la terre-ferme , ne peuvent s'attribuer qu'au défaut de la Boussole chez les Chinois, puisque nous les voyons aujourd'hui parcourir courageusement toute la mer qui s'étend depuis les dernières parties de l'Asie jusqu'aux derniers bords de l'Afrique. Ainsi , si les Chinois , que l'on suppose très-ingénieux , eussent eu , depuis des siècles aussi reculés de nos époques , l'usage de la Boussole , on ne

(1) Ramusio , *loc. cit.*, *lib. III , cap. 7.*

concevrait pas comment ils en auraient
tiré si peu d'usage, qu'en navigant dans
les mers des Indes, ils auraient toujours
tenu la route la plus longue.

M. de Guigues, dans un Mémoire lu
à l'Académie des Inscriptions et Belles-
Lettres de Paris (1), entraîné par la sin-
gularité de l'opinion qui a accordé tant
de connaissances aux Chinois, a prétendu nous assurer aussi que des bonzes
de Samarcand allèrent porter le culte du
dieu *La* ou *Lam*, ou du grand *Lama*, en
Amérique, vers l'an 458 de notre ère. Ces
bonzes s'embarquèrent, dit-il, sur un
navire chinois qui allait tous les ans par
le Kamstchatka au Mexique, quoique les
Chinois avouent sincèrement qu'ils n'ont
eu aucune connaissance, ni du Kamstchatka ni du Mexique dans ce temps-là,
et que l'idée de le chercher ne leur est
jamais venue. Aujourd'hui même qu'ils
connaissent ces deux pays par *ouï-dire*,
ils se gardent bien d'y aller.

(1) *Mém. de l'Acad. des Inscript.*, t. XXVIII,
p. 503, édit. *in-4°.*, 1761.

Quand on a une faible notion des mers
de la Tartarie, de leurs glaces, de leurs
brumes, de leurs écueils, de leurs tour-
mentes, on ne peut assez s'étonner qu'il
soit venu dans l'esprit d'un savant de
Paris, de faire naviguer des Chinois, dans
de fort mauvaises barques, de leurs ports
à la terre de Jeso-Gasima ; de là au Kamstchatka ; de là encore à la Californie, et tout
d'une traite vers le Mexique, par une route
oblique et détournée, que les plus habiles
navigateurs de l'Europe n'oseraient tenter
avec les vaisseaux de la plus solide construction et les meilleurs voiliers.

A tout ce que je viens de dire, on peut
opposer la course ordinaire et continuelle
que les Chinois faisaient avec leurs navires jusqu'au golfe Persique, où ils appor-
taient leurs marchandises pour les vendre
ou pour les échanger contre celles des
Arabes, de la même manière que ceux-ci
se portaient de la mer Rouge ou du même
golfe Persique jusqu'à la Chine, longeant
toujours les côtes : mais de cela il ne s'en-
suit pas qu'ils voyageassent par hauteur,

ou , pour mieux dire , par latitude , et par conséquent qu'ils se servissent de Bous ⟩ sole. S'il en avait été autrement , les Européens auraient dû suivre cette même route , laquelle fut au contraire bientôt abandonnée , en s'éloignant des îles qu'ils n'approchent que dans les cas de nécessité urgente , et se tiennent toujours en pleine mer , pour abréger le voyage et le rendre moins difficile et moins périlleux.

Après avoir ainsi démontré que les Chinois étaient privés de la Boussole telle que nous l'avons aujourd'hui , il est aisé d'en conclure que ce n'est pas d'eux que les Européens en ont reçu l'usage.

ARTICLE TROISIÈME.

De la Boussole chez les Arabes.

Les Arabes ont trouvé, ainsi que les Chinois, des enthousiastes qui leur ont attribué l'invention de la Boussole, et leur en ont accordé l'usage avant d'être connue en Europe.

L'abbé Tiraboschi, dans son *Histoire de la Littérature italienne* (1), après des recherches inutiles pour asseoir son opinion à ce sujet, se détermine à admettre comme probable, que l'invention de la Boussole pourrait être due aux Arabes établis dans le royaume de Naples au treizième siècle; mais que les premiers à la mettre en usage ayant été les Amalfitains, ils acquirent, par cette raison,

(1) Tiraboschi, *Storia della letteratura italiana*, tom. IV, lib. xi, §. 35.

la gloire d'en passer pour les premiers inventeurs. Comme cet écrivain n'a pu appuyer son opinion d'aucune autorité, je crois qu'elle doit faire partie du grand système de conjectures dont son ouvrage est rempli, quoique très-excellent à plusieurs égards.

M. Signorelli, dans son ouvrage intéressant *sur les variations de la Culture dans les Deux-Siciles* (1), après avoir démontré l'inconséquence de quelques opinions émises avant lui sur cette même question de l'invention de la Boussole, rejette comme vague et incertaine celle qui accorde l'honneur de sa découverte à l'amalfitain Flavius Gioja, et oppose quelques doutes aux conjectures de Tiraboschi : mais, se laissant séduire enfin par l'esprit national, il finit aussi par dire que cette invention appartenait probablement aux Arabes établis dans la Pouille.

(1) Signorelli, *Vicende della Coltura delle Due Sicilie*, tomo II, p. 287.

M. l'abbé Andres, dans l'ouvrage célèbre qu'il a publié . *sur l'origine et les
progrès de la Littérature* (1), en suivant
les conjectures de son confrère Tiraboschi, prétend assez singulièrement que
quelle que soit la première origine de la
Boussole, elle peut être mise au nombre
des découvertes utiles transmises par les
Arabes aux Européens ; et que cette découverte, ainsi que la poudre et le papier,
nous donnent de nouveaux motifs d'ad-
mirer de plus en plus, et de reconnaître
les progrès des Arabes dans les sciences
et les beaux-arts (2). Partant d'une idée

(1) Andres, *Origine, e progressi d'ogni Letteratura*, tom. I, pag. 248, et tom. IV, p. 234.

(2) Les Arabes doivent toute leur reconnaissance à cet infatigable écrivain, qui a su , par la
profondeur de son érudition , et avec la vivacité
de son génie , leur attribuer la plus grande partie
des découvertes qui faisaient jusqu'à présent le
mérite réel des Européens. Mais ils seront mé-
contens du célèbre M. Gruner ; car il prétend,
dans la Préface de son ouvrage intitulé : *Aphro-
disiacus , sive de lue venerea* , Jenae , 1789 , p. 3,
d'après les autorités des Infessura, des Delfino,

si mal appuyée, il pense que les Arabes
sont les premiers qui aient mis en usage

des Burcard et des Pintor, que le mal vénérien a
été communiqué et propagé, la première fois en
Europe, par les Arabes, appelés *Marani*, expulsés
de l'Espagne en 1492 et 1493, lesquels vivaient
séparés des Espagnols, à cause de la haine impla-
cable qu'ils leur portaient. M. Gruner s'exprime à
ce sujet dans les termes suivans : *His sine dubio*
propria fuit, et veluti priva ista contagio, et vel
ipsis Hispaniis incognita, donec MARANI *jussi*
patrios lares relinquere ; eam cum exteris commu-
nicarent. Sub hoc itinere novum et incognitum
malum de repente erupit, quo demum cumque loco
transierant. Hinc stupor et admiratio cœpit in-
colas Italiæ, nescios quo malo sidere tacti hoc in
miseriarum genus inciderint...... Sic Gallorum
copiis circà medium annum 1494, *Italiam ingres-*
sis, et facta corporum miscendorum copia potuit
et virus præsens suscipi, et ulteriùs communicari
primum cum Venetis, Mediolanensibus, et Nea-
politanis ; deindè sequenti demum anno medio cum
Hispaniis sub Cordova Duce Siciliam et Cala-
briam appulsis. Sic contagii venerei nascentia
pertinet ad MARANOS *subita propagatio ad mi-*
lites. On voit, par ce passage, combien injustement
le mal vénérien a été appelé jusqu'à présent *mal*
français.

la Boussole , soit par suite des connaissances astronomiques qu'ils possédaient ,
soit par l'instruction qu'il leur reconnait
dans la trigonométrie ; sciences qui leur
auront fait découvrir nécessairement
l'art nautique. Pour étayer la faiblesse de
cette opinion , il cite l'ouvrage d'un Arabe
nommé *Thabet-Ben-Corah* , qui se trouve
dans la bibliothèque de l'Escurial, en Espagne , dans lequel on lit la description
des étoiles et leur cours à l'usage de la
navigation. M. Andres , en nous faisant
part de cette heureuse découverte , a
cependant oublié de nous marquer l'é-
poque dans laquelle son *Thabet-Ben-
Corah* a écrit cet ouvrage , pour juger s'il
a eu lieu avant ou après la découverte de
la Boussole en Europe. Mais il parait
qu'il en a dit assez pour prouver , jusqu'à l'évidence , que l'écrivain arabe
n'en avait pas encore la moindre idée ;
car nous le voyons s'amuser à décrire les
étoiles et leur cours, dont la connaissance
n'était plus aussi nécessaire depuis que la
Boussole avait été mise en usage.

Je ne crois pas m'être trompé dans cette discussion; car, ayant consulté l'excellent ouvrage de M. Casiri, intitulé : *Bibliotheca Arabico-Hispanica Escurialensis*, tom. I, pag. 462, je me suis convaincu que l'arabe *Thabet* était né à *Corah*, l'an de l'*égire* 221, qui correspond à l'année de l'ère chrétienne 835. Il écrivit donc son ouvrage, plusieurs fois cité par M. Andres, qui porte le titre : *de Syderibus eorumque occasu ad artis nauticæ usum accommodatis*, bien long-temps avant qu'on eût la moindre idée de la Boussole dans aucune partie du monde, et encore moins de la vertu directive de l'aimant. Ainsi, de l'existence de cet ouvrage, ou, pour mieux dire, de l'époque où l'auteur l'avait composé, et de la matière qu'il y traite, M. Andres ne pouvait en déduire raisonnablement l'opinion de l'invention de la Boussole par les Arabes.

Il faut cependant avouer que M. Andres n'a pas même douté de ce point; car, dans le quatrième volume de son ouvrage

ouvrage déjà cité, chap. 8, voulant faire
honneur aux Arabes de l'invention de
l'art nautique, soit à cause de l'antiquité
des connaissances qu'il suppose à son auteur *Thabet*, soit pour celles d'un autre
écrivain anonyme de la même nation, sur
des matières maritimes, il s'explique, à
la page 235, dans les termes suivans :
« Et en effet, l'ouvrage cité de *Thabet*
» contient des connaissances astronomi-
» ques adaptées à la nautique ; et les pre-
» miers essais des Européens n'ont été
» que des *nocturlabes*, astrolabes, bous-
» soles, cartes marines, instrumens et
» méthodes, pour diriger la navigation
» avec l'aiguille aimantée, les connais-
» sances astronomiques et trigonométri-
» ques, la vue du ciel et l'inspection des
» étoiles (1). »

(1) Voici le passage original de l'ouvrage de
M. Andres : « In fatti, la sovracittata opera del
» *Thabet*, contiene astronomiche cognizioni ac-
» comodate alla nautica : e i primi saggi degli
» Europei, non erano che nocturlabi, astrolabi,
» bussole, carte marine, stromenti e metodi per

Si cela est, comme il n'y a pas lieu d'en douter, il me paraît, en me servant de l'autorité du même Andres, qu'on ne peut plus mettre en question que les Européens ne se soi ent servis de la Boussole avant les Arabes; puisque, tandis que ces derniers profitaient des connaissances contenues dans l'ouvrage de *Thabet* pour régler leur navigation, circonscrite alors, par le défaut de Boussole, aux seules côtes maritimes, nous avions pour premiers essais de la nautique européenne, des *Boussoles*, des *cartes marines*, des *instrumens*, et des *aiguilles aimantées* (1).

Le silence des écrivains orientaux sur une découverte aussi intéressante; la circonspection qui a toujours empêché les Asiatiques de se lancer en pleine mer;

» diriggere le navigazioni coll' ago magnetico, » colle astronomiche et trigonometriche cogni-» zioni, colla vista del cielo, coll' ispezione delle » stelle. »

(1) Voyez à ce sujet tout ce que je dirai ci-après à l'article IV, note pénultième.

la construction de leurs navires , qui ne
sont pas propres pour la navigation dans
l'Océan , mais seulement pour les mers
étroites et méditerranées , sont autant de
preuves convaincantes de la solidité de
mon opinion, en ce qu'elle a de contraire
à celles des écrivains précités.

Renaudot , qui était très-versé dans
l'intelligence des écrits arabes, nous apprend (1) qu'il n'a pas trouvé le moindre
indice de l'usage de la Boussole parmi
eux : il ajoute, en outre , que quoique
leurs ouvrages soient presqu'innombrables , au point, dit-il , que personne ne
peut se flatter de les avoir tous parcourus,
il paraît néanmoins impossible qu'une découverte aussi importante et aussi merveilleuse eût pu rester cachée dans quelque ouvrage inconnu , et que personne
n'aurait encore lu , sur-tout s'il était vrai
que les mariniers arabes s'en servissent
déjà plusieurs siècles avant nous.

Ces instrumens astronomiques , cet

(1) Renaudot , *Dissert. sur les Sciences des
Chinois,* pag. 288 et 289.

F 2

usage de la trigonométrie que M. Andres accorde généreusement à ses chers Arabes dans des temps si éloignés de nous, ne sont pas des preuves suffisantes pour détruire les conjectures très-fondées, par lesquelles nous prouvons qu'ils n'avaient pas anciennement, et avant nous, l'usage de traverser les mers et de s'avancer dans le grand Océan.

Nous savons, d'après Renaudot (1), que les Arabes ont des instrumens assez bien construits, et particulièrement de petits astrolabes que leurs pilotes portent régulièrement dans leur sein, et dont il y a long-temps qu'ils font usage : mais de tout ceci on ne peut raisonnablement en conclure que la Boussole aussi soit d'une pareille antiquité parmi eux. Il y a une très-grande différence entre ces deux instrumens. L'astrolabe n'est destiné qu'à prendre les hauteurs, et à connaître, par l'observation des étoiles, l'endroit où l'on se trouve : la Boussole, au contraire, sert

(1) Renaudot, *Dissertation, de l'entrée des Mahométans à la Chine.*

pour régler la route que le navire doit
faire, et pour le diriger vers l'endroit
déterminé. Or, ces deux instrumens ne
dépendant pas l'un de l'autre, et étant
parfaitement distincts, il faut convenir
que de l'usage du premier parmi les Arabes, on ne peut pas raisonnablement en
déduire qu'ils se servaient aussi du second.

Bergeron, dans son *Abrégé de l'Histoire des Sarrazins*, pag. 119, prétend
également que les Arabes avaient inventé
la Boussole, et s'en étaient servis long-
temps avant nous pour voyager dans les
mers des Indes, et pour commercer avec
la Chine, où ils portaient leurs marchandises. Cette opinion n'est appuyée d'aucune autorité; elle est même dénuée de
toute vraisemblance. Il n'y a aucun mot
dans les langues arabe, turque et persane,
qui puisse signifier celui de Boussole;
tous les Orientaux se servent du mot italien *Bussola* (1) : ils ne savent pas même

(1) « Quelques auteurs ont prétendu que les
» Arabes connaissaient très-bien le *compas* de

encore aujourd'hui construire des Boussoles , ni aimanter les aiguilles , et ils
achètent, des Européens, celles dont ils
font usage dans leurs navigations.

Il est parvenu jusqu'à nous un monument précieux qui nous fournit des détails certains sur l'ancienne géographie
des Indes et de la Chine : c'est une relation des voyages faits dans ces contrées
par deux Sarrazins, en traversant la mer
Indienne. Le premier de ces voyages a
été exécuté en l'an 337 de l'*égire*, qui
correspond à l'année 851 de notre ère ; le

» marine, et l'usage qu'on en fait dans la naviga-
» tion ; mais il est remarquable que dans aucune
» des langues arabe, turque ou perse , il n'y a
» point originairement de mot pour Boussole ; ils
» l'appellent communément *bossola*, nom italien
» qui prouve que la chose qu'il signifie ne leur
» était pas moins étrangère que le mot même. Il
» n'y a pas une seule observation de quelque an-
» tiquité , faite par les Arabes sur la variation de
» l'aiguille , ou quelque application de cette pro-
» priété à la navigation. » Peuchet, *Recherches
sur le Comm. et la Navig. des anc.*, tom. III,
2ᵉ. année, de la Biblioth. commerc. , p. 215.

second a eu lieu en l'an 374 de la même *égire*, qui se rapporte à notre année 877. On a reconnu que cette relation avait été copiée du fameux géographe de Nubie, *le chérif Edrissi* : Renaudot nous en a donné une traduction française (1).

Nous apprenons, par ces relations, que les Arabes naviguaient toujours en longeant les côtes ; et que si quelquefois ils faisaient canal, c'était aux endroits les plus étroits, avec le seul usage de l'astrolabe ; de là se suivaient de grandes difficultés et la longueur de leurs courses maritimes. Les Arabes partaient en effet du golfe Persique ; et, longeant la côte jusqu'à la pointe du Malabar, après l'avoir parcourue, et traversé le canal jusqu'à l'île d'Ardeman, ils passaient à l'autre port du golfe de Bengale, en s'éloignant très-peu du rivage, lorsqu'ils appro-

(1) Anciennes relations des Indes et de la Chine de deux voyageurs mahométans qui y allèrent dans le neuvième siècle, traduit de l'Arabe, avec des remarques sur les principaux endroits de ces relations, par Renaudot ; Paris, 1718.

chaient de la Chine. Ce guide fidèle, la
Boussole, manquait donc aux Arabes,
puisque le mode de leur navigation n'a-
vait rien de plus hardi que celui des Grecs
et des Romains. Ils s'attachaient servile-
ment à la côte, qu'ils n'osaient presque
jamais perdre de vue ; et dans cette marche timide et tortueuse, leurs estimations
ne pouvaient être que fautives, et sujettes
aux mêmes erreurs que nous avons re-
marquées dans les navigations des anciens.

D'autres relations plus récentes, et en
même temps très-accréditées, viennent à
l'appui de mon opinion. Dans une des
notes du fameux Planisfère des Camaldulais, qui existe dans le trésor de Saint-
Marc à Venise, et qu'on croit copié de
celui que l'on conserve soigneusement
dans le couvent des Camaldules de Saint-
Michel à *Murano*, lequel fut apporté du
Cathai par Marc-Paul, j'ai lu la note sui-
vante sur la mer Indienne :

« Le nave, ovver zonchi, che nave-
» gano questo mar, portano quattro ar-

» bori , e oltra de questi , do che se può
» metter e levar , ed ha da quaranta in
» sessanta camerette per i mercadanti ,
» e portano un sol timon , le qual navega
» senza Bozzolo (ossia Bussola) , perche
» i porta uno astrologo , el qual sta in
» alto e separato , e con l'astrolabio in
» man da ordene al navegar. »

Traduction de ce passage écrit en langue vénitienne.

Les navires , ou zonchi , qui naviguent dans cette mer , portent quatre mâts , et , en outre , deux autres qu'on peut mettre et ôter : il y a , dans ces barques , depuis quarante jusqu'à soixante petites chambres pour les marchands ; elles portent un seul gouvernail , et naviguent sans Boussole ; car il y a un astrologue qui se tient en haut et séparé , tenant un astrolabe à la main : c'est lui qui donne les ordres pour la navigation.

Nicolas de Conti , vénitien , vient à l'appui de cette note importante. Ce voyageur ayant fait tout le tour de l'Inde , vers le milieu du quinzième siècle , et y ayant demeuré l'espace de vingt - cinq ans, nous a laissé la description des navires indiens, et la manière de naviguer de leurs pilotes, dans les termes suivans (1):

« I navigatori dell' India si governano
» colle stelle del polo antartico , ch'è la
» parte di mezzodi, perchè rare volte
» veggono la nostra tramontane, e non
» navigano col Bussolo, ma si reggono
» secondo che trovano le stelle o alte o
» basse, e questo fanno con certe lor
» misure, che adoprano. »

Traduction littérale de ce passage.

Les navigateurs de l'Inde se règlent par les étoiles du pôle antarctique , qui est la partie du midi ; car rarement ils voient notre tramontaine ; ils ne navi-

(1) Cette relation de Conti a été rédigée par un certain Messer Poggio, florentin : elle se trouve insérée dans la collection des *Voyages* de Ramasio, tom. I, pag. 379, édit. *in-folio* de Venise , par Giunti, 1554.

guent point avec la Boussole , mais ils
se conduisent selon qu'ils trouvent les
étoiles ou hautes ou basses ; ce qu'ils
exécutent avec de certaines mesures ,
dont ils font usage.

Nous acquerrons une nouvelle certitude de ces faits, par la relation du
gentilhomme florentin, dont on ignore
encore le nom, qui eut le courage d'ac-
compagner le célèbre navigateur portugais, Vasco de Gama, lors de ses premières expéditions dans l'Inde, en l'année
1497. Voici comme il s'explique dans sa
relation, insérée dans la collection de
Ramusio, au chapitre troisième, tom. I,
fol. 137 et suiv.

« La maggior nave di quelle, che an-
» davano in Calicut non passa botte due-
» cento di portata, e sono di molte sorti,
» grandi e piccole, e non hanno se non
» un albero, nè possono andare se non à
» poppa..... E molte se ne perdono, e
» sono di strana maniera, e molto deb-
» boli, e non portano armi nè artiglería »
Cap. V. «Che li marinari di la non navi-

» gano colla tramontana, ma con certi
» quadranti di legno. » *Cap. VIII.* «Che
» navigano in quei mari senza Bussolo,
» ma con certi quadranti di legno, che
» par difficil cosa, e massime quando fa
» nuvolo, che non possono vedere le
» stelle. »

Traduction littérale de ce passage.

*Les plus grands navires parmi ceux
qui allaient à Calicut, n'excèdent pas
deux cents tonneaux de portée ; il y en
a de plusieurs façons, grands et petits,
et ils n'ont qu'un seul mât, et ne peuvent naviguer que vent en poupe.......
Il s'en perd beaucoup ; ils sont d'une
étrange construction, très-faibles, et
ne portent point d'armes ni d'artillerie.
Ch. v. Que les mariniers de ces contrées ne naviguent point avec la tramontaine (la Boussole), mais avec une
espèce de cadran de bois. Chap. VIII.
Qu'on navigue dans ces mers sans Boussole, et avec certains cadrans de bois ;*

ce qui paraît très - difficile , principa-
lement lorsque le temps est nébuleux ,
et qu'on ne peut pas apercevoir les
étoiles.

On m'opposera peut-être que les Arabes s'établirent en Afrique , en Espagne
et dans plusieurs îles de la Méditerranée ;
ce qu'ils n'auront exécuté que par de
longues navigations et avec le secours de
la Boussole.

Mais ignore-t-on que ce ne fut que par
le moyen des armées de terre expédiées
de l'Egypte par la voie du désert, que
les Arabes s'emparèrent de toute la côte
méridionale de l'Afrique ? Ils envahirent
aussi l'Espagne ; mais le trajet en est si
court, qu'il mérite à peine le nom de
voyage ; d'autant plus que l'histoire nous
apprend que dans cette expédition qu'on
élève si haut , ils se servirent de navires
européens. La conquête de Maïorque , de
Minorque et d'Ivica ou Eviza , qu'on ap-
pelait dans ce temps *îles Baléares* . ne
fut exécutée que long-temps après , c'est-
à-dire, lorsque des esclaves et des réné-

gats européens leur eurent appris la manière de diriger les navires par le moyen de la Boussole. Ainsi, leurs entreprises maritimes dans la Méditerranée, qui n'étaient, à proprement parler, que des incursions, se réduisaient à de simples embarcations de troupes sur des navires plats, et à un débarquement à propos, parce qu'il était toujours imprévu.

On n'attachera pas plus d'importance aux expéditions que les Sarrazins firent pour envahir la Sicile, la Sardaigne et la Calabre, dans un temps où les puissances maritimes de la Méditerranée n'avaient point d'armées navales en activité, et où il n'y avait pas encore de corsaires. Mais du moment que les princes chrétiens expédièrent leurs flottes contre les Arabes, il leur fut impossible de faire la moindre résistance. Ainsi, obligés d'abandonner à la hâte leurs conquêtes, ils mirent dans tout son jour la faiblesse de leurs forces navales (1).

1) Voyez mon *Histoire de Sardaigne*, tom. I, chap. vi, pag. 104 et suiv.

La première, comme la plus considérable entreprise maritime des Mahométans, c'est-à-dire, après qu'ils eurent commencé à se faire craindre dans la Méditerranée par leurs pirateries, ce fut celle qu'ils exécutèrent vers la moitié du seizième siècle, sous le commandement de Soliman Bassa, dans le dessein de dépouiller les Portugais de leurs acquisitions dans l'Inde.

Soliman II, empereur turc, fils de Bajazet, irrité, en 1537, contre les Portugais, de ce qu'ils avaient donné du secours à Charles-Quint et au roi de Perse, ses ennemis, prit la résolution de leur faire la guerre, et d'interrompre leur commerce des Indes. Comme il n'avait point de flottes sur l'Océan, il fit transporter du golfe de Satolie et de la Caramanie jusqu'à Damiète, des bois mis en œuvre et tout prêts à servir à la construction des vaisseaux, d'où ils furent conduits par le Nil, sur des radeaux, jusqu'au Caire. Là, il fit assembler toutes les pièces, et monter quatre-vingts vaisseaux de différentes espèces , qu'il fit transporter par terre jusqu'au port de Suez , dans la mer Rouge. Cette armée navale fit voile vers l'Arabie heureuse ; elle alla mouiller devant Aden. Le roi de cette ville , alarmé de voir dans ses rades une puissance étrangère et formidable , fit demander à l'eunuque Soliman qui commandait cette flotte , quel était le sujet de ses approches. Soliman le rassura par de belles paroles , par de riches présens , et par les démonstrations les plus amicales. Ce prince ouvrit son port au traître Soliman , qui s'empara bientôt de la ville , et peu après , fit mourir le roi hospitalier. Le perfide eunuque , après avoir chargé ses vaisseaux de toutes les provisions nécessaires , fit voile vers le royaume de Cambaye. Il arriva en dix-neuf jours devant l'île de Diu. La ville était occupée par les sujets du roi de Cambaye , et la citadelle par les Portugais : il prit la ville et traita les habitans en ennemis , quoique leur roi eût appelé les Turcs à son secours contre les Portugais. Il attaqua ensuite la citadelle ;

citadelle ; mais les Portugais firent une
vigoureuse résistance et remportèrent de
continuels avantages par des sorties bien
combinées. Soliman, déconcerté par ce
mauvais succès, fut contraint de lever
honteusement le siége. Après avoir ainsi
fait éclater aux Indes une impuissante
colère contre les Portugais, il retourna
en Arabie, où il se rendit maître de la
ville de Zibut, qu'il joignit au royaume
d'Aden. C'est tout ce qu'il fit pendant un
an que dura son voyage. Cette expédition eut lieu environ quarante ans après
la découverte des Indes, et par conséquent dans un temps où la Boussole était
déjà en usage en Europe. L'histoire nous
dit aussi que dans cette armée navale
d'Arabes, il se trouvait un si grand nombre de mariniers et de pilotes européens,
qu'on doit attribuer seulement à ces derniers tout le mérite de cette navigation
aussi hardie qu'infructueuse.

De tous ces faits incontestables, on
peut conclure, sans crainte d'être con-
tredit, que les Arabes, ainsi que les Chi-

G

nois, n'ont eu aucune connaissance de la
Boussole , que d'après l'usage que les
Européens en ont fait, comme je vais le
démontrer dans l'article suivant.

ARTICLE QUATRIÈME.

De la connaissance de la Boussole chez les Européens.

APRÈS avoir combattu les opinions de différens écrivains qui ont prétendu attribuer la découverte de la Boussole aux anciens, aux Chinois et aux Arabes, il me reste à prouver que c'est à l'Europe seule que la doivent toutes les nations de l'univers.

J'entreprends, dans cet article, de démontrer cette assertion, en examinant en même temps tous les faits historiques qui pourront me conduire à déterminer dans quelle partie de notre continent la Boussole a eu son origine, et dans quelle autre elle a reçu sa perfection complette.

Vouloir prouver que la première découverte de la Boussole est due à la France, est un de ces projets hardis, dont le succès peut seul justifier l'entre-

G 2

prise. C'est cependant ce que je vais entreprendre avec d'autant plus de confiance,
que je marcherai, dans cette discussion,
avec le double appui de l'histoire et de la
critique.

Depuis la chute de l'empire d'Occident,
toutes les parties de l'Europe, jusqu'à la
Grèce, furent exposées, pendant plusieurs siècles, à tant de malheureuses
vicissitudes, qu'il ne leur restait aucun
moyen de continuer la navigation et le
commerce qui avait formé jadis leur oc-
cupation principale et la base de leurs
richesses. Quelques pays maritimes placés aux bords de la Méditerranée, s'ef-
forcèrent d'entretenir des communications entre eux; mais elles étaient souvent
interrompues, quelquefois périlleuses,
et toujours difficiles.

L'empire d'Orient subsistait toujours
sous le nom d'Empire Grec; mais les
Arabes, que les Romains avaient quelquefois vaincus, sans avoir jamais pu les
dompter entièrement, sortis de leurs dé-
serts, après avoir dépouillé ces empe-

reurs d'une grande partie de leurs pos-
sessions, étaient passés dans l'Afrique,
où ils s'agrandissaient de jour en jour, et
jetaient de toutes parts les fondemens
d'un nouvel Empire, qui devint ensuite
la proie des Turcs; de manière que, dans
les derniers siècles, l'Empire d'Occident
était pour ainsi dire oublié, et que l'Empire d'Orient n'était plus qu'un squelette
informe de la puissance romaine, dont
néanmoins il avait été le principal dé-
membrement.

Charlemagne, à la vue de tant de dé-
sastres, se proposa de rétablir le commerce maritime dans la Méditerranée,
par le moyen de vaisseaux qu'il fit construire pour s'opposer aux pirateries des
Sarrazins qui l'infestaient; mais les trou-
bles qui suivirent de près sa mort, re-
plongèrent toute l'Europe dans la confu-
sion et dans le désordre.

Ce fut au milieu de ce bouleversement
général, que les peuples septentrionaux,
sous le nom de Normands, renouvelè-
rent plusieurs fois leurs invasions, et cou-

vrirent la France de ruines. Après s'être
établis dans la Neustrie, à laquelle ils
donnèrent leur nom , ils se portèrent
avec la même fureur sur les côtes d'Espagne , qu'ils dévastèrent horriblement ;
ils passèrent le détroit de Gibraltar ; et ,
ayant surpris le royaume de Naples et la
Sicile , dont ils firent la conquête , ils com-
mirent par terre et par mer les excès les
plus horribles.

L'irruption de ces barbares, fatale aux
sciences et aux arts , ne le fut pas moins
au commerce et à la navigation. Si les
gens de lettres virent avec douleur les
bibliothèques et les plus beaux monumens des sciences livrés aux flammes par
ces conquérans également avides et fé-
roces , les négocians durent aussi gémir,
en voyant succomber , sous la fureur de
ces barbares insensés, leurs nombreux navires qui couvraient les mers , et les vastes
magasins comblés de riches marchandises
étrangères qui ornaient leurs ports.

Dans ce long intervalle de temps où
chaque jour ajoutait aux malheurs qui

préparaient la ruine des deux Empires,
les Vénitiens, les Génois, les Pisans et les
habitans de quelques villes méridionales
de la France, furent les seuls peuples
de l'Europe qui conservèrent le commerce étranger, et qui firent tous leurs
efforts pour porter leur marine mar-
chande et militaire au plus haut degré de
force. Le succès couronna leurs travaux
et leur industrie : ils furent bientôt en
état de fournir la plus grande partie des
navires de transport et de guerre, pour
les fameuses expéditions des croisades
que les princes Chrétiens entreprirent
vers la Terre-Sainte.

La première de ces expéditions fut exécutée avec le plus heureux succès en
l'année 1096, sous Philippe Ier., roi de
France ; et l'on transporta à cette occasion
en Palestine trois cents mille personnes
sur des navires tant italiens que français.

La seconde croisade, qui était com-
posée d'un nombre égal de combattans,
eut lieu en l'an 1101, sous le même roi.
Louis VII, dit le Jeune, entreprit, en

1148, la troisième; mais elle eut un succès peu satisfaisant. Philippe II, dit Auguste, en entreprit une autre en 1190; mais une grande partie de sa flotte nombreuse ayant fait naufrage, il poursuivit sa route vers la Palestine avec le reste de ses navires; et après avoir pris d'assaut la ville d'Acre, et laissé au secours des Croisés dix mille hommes, il retourna en France sur trois galères, que lui fournit le génois Ruffin Volta.

Le roi Louis IX renouvela, en 1248, une semblable expédition; mais, malgré deux victoires qu'il avait remportées, son armée fut à la fin entièrement battue, et lui-même fait prisonnier. Il passa en 1270 sur les côtes d'Afrique, où il forma le siége de Tunis; mais, y ayant été atteint d'une maladie contagieuse, il y perdit la vie.

Pendant tout le temps que les puissances chrétiennes de l'Europe furent occupées de ces entreprises aussi grandes que mal combinées, et inutilement tentées à neuf reprises différentes, il partit

sans relâche des ports de France, de
Venise, de Gênes et de Pise, un nombre
très-considérable de navires de toutes
formes vers la Palestine.

Des voyages si fréquens et si rapides,
exécutés à travers la Méditerranée et
l'Archipel, ne peuvent que faire présumer l'usage de la Boussole. Mais nous
avons quelque chose de plus que des pré-
somptions : nous avons des faits et des
monumens transmis par l'histoire qui en
démontrent la réalité.

Il existe à Paris, dans la Bibliothèque
impériale, un manuscrit précieux qui appartenait autrefois à l'église Cathédrale. Il
contient un poëme composé en langue gau-
loise, par un certain *Guyot de Provins*,
vers la moitié du XII° siècle. Cet auteur,
après avoir décrit les étoiles circumpo-
laires, fait une mention très-expresse de
la Boussole qui était alors en usage, sous
le nom de *marinière*, ou, comme d'autres le prétendent, de *marinette* (1).

(1) M. Legrand, dans sa *Collection des Fabliaux
et Contes des XII° et XIII° siècles*, tom. II, p. 26,

Quelques écrivains ont cité des passages de ce poëme, pour prouver l'antiquité de la découverte de la propriété directive de l'aimant; d'autres en ont profité, pour faire remonter à cette époque la connaissance de la Boussole. Le savant Fouchet est un de ces derniers; mais il ne transcrit que cinq vers de ce poëme (1). Tous les écrivains qui lui ont succédé les ont copiés aveuglément, sans faire attention au manque de sens qui provenait naturellement de la suppression des vers précédens et de ceux qui suivent le passage cité. Je rapporterai tout le passage en

rapporte quelques vers de ce poëme, en ajoutant qu'ils se trouvent dans une satire qui a pour titre *Bible* du nommé Guyot de Provins, petite ville auprès de Paris, lequel vécut, selon lui, vers la fin du douzième siècle : il croit en outre que l'aimant se trouve indiqué dans ses vers par le nom de *marinière*, et non par celui de *marinette*, dont il décrit l'usage. Cette opinion paraît cependant contraire au passage que nous avons lu dans le texte, et que nous avons rapporté en entier.

(1) Fouchet, *des Antiquités de la France*, liv. II.

entier , comme je l'ai copié du manuscrit original, et comme M. Le Prince le jeune avait déjà fait dans son *Supplément aux Remarques sur l'état des arts dans le moyen âge.*

Fragment du Poëme.

Voisisse qu'il semblas l'estoile
Qui ne se muet. Bien la voyent
Li mariniers qui si avoient,
Et lor sen , et lor voie tiennent,
Ils l'appellent la tresmaintaigne.
Icelle estaiche est moult certaine :
Toutes les autres se remouent
Et rechangent lor lieus , et tornent,
Mai celle estoile ne se muet,
Un art font, qui mentir ne puet.
Par la vertu de la *marinière*,
Une pierre laide et brunière,
Ou li fers volontiers se joint
Ont, si esgardent le droit point,
Puisqu'une aguille ont touchié,
Et en un festu l'ont couchié,
En l'eve le mettent sans plus
Et li festus la tiennent desus.
Puis se tourne la pointe toute
Contre l'estoile, si sans doute
Que ja nus hom n'en doutera

Ne ja por rien ne faussera.
Quand la mer est obscure et brune
Quand ne voit estoile ne lune,
Dont font à l'aguille allumer,
Puis n'ont-ils garde d'esgarer.
Contre l'estoile va la pointe.

Traduction.

« Ils voient qui ressemble à l'étoile,
» laquelle ne remue jamais. Les mari-
» niers, guidés par elle, la connaissent
» assez bien; et par son moyen, ils vont
» et reviennent, marquent le cours et
» poursuivent leur route : ils l'appellent
» la tramontaine (étoile polaire.) Cette
» étoile est fixe; toutes les autres se meu-
» vent, changent leur position, et retour-
» nent; mais celle ci ne bouge point. Ils
» font une expérience qui ne peut pas les
» tromper. Ils ont une pierre brute et
» brune à laquelle, par la vertu de l'ins-
» trument appelé *marinière*, le fer s'unit
» volontiers; et, par ce moyen, ils s'a-
» perçoivent de la droiture du point.
» Lorsqu'une aiguille l'a touché, et que

» l'ont mise sur un petit morceau de bois
» la posent sur l'eau , et le bois la tient
» sur la surface. C'est alors que la pointe
» de l'aiguille se tourne entièrement vers
» l'étoile, et avec une telle exactitude ,
» que personne en saurait douter; et il
» n'y a pas à craindre que rien au monde
» puisse le détourner de cette situation.
» Lorsqu'il ne paraît point d'étoiles , ni
» la lune, ils regardent l'aiguille avec une
» lumière, et ne peuvent pas s'égarer,
» car la pointe se dirige vers l'étoile. »

Brunet Latini , florentin , dans son ouvrage écrit en français, sous le titre de
Trésor (1), parle assez clairement de la
Boussole, comme d'un instrument mis
en usage en France dès son temps , c'est-

(1) Brunet Latini , dans cet ouvrage, se donne
le titre de *Maître du poète divin Dante.* Son ouvrage, écrit dans la langue française d'alors, n'a
pas été imprimé ; mais, l'ayant depuis traduit lui-
même en italien, il fut imprimé à Venise par
Marchio Sessa en l'an 1535 , avec le titre suivant :
*Tesoro di Messer Brunetto Latini , maestro del
divino poeta Dante.*

à-dire, avant l'année 1294, époque de sa mort. Voici dans quels termes il s'en est exprimé (1).

« Onde per ciò navicano i marinari. Et
» che ciò sia la verità, prendete una pie-
» tra di calamita, voi troverete, che ella
» ha due faccie, l'una che giace verso l'una
» tramontana, et l'altra verso l'altra, et
» però sarebbero i marinari beffati, se
» ellino non prendessero guardia, et però
» che queste due stelle non si mutano,
» adviene, che l'altre stelle che sono nel
» fermamento corrono per li più piccoli
» cerchi, et l'altri per li maggiori, se-
» condo che elle sono più presso, o più
» lungi da quelle tramontane; et sappiate
» che a queste due tramontane vi si ap-
» prende la punta dell' aco ver quella tra-
» montana a cui quella faccia giace. »

Traduction littérale de ce passage.

*C'est ainsi que les mariniers naviguent.
Et que cela soit vrai, prenez une pierre*

(1) *Libro II, cap.* 49, *fol.* 54. Édition précitée.

d'aimant, vous trouverez qu'elle a deux faces (póles) , dont une vers une tramontane (étoile) et l'autre vers une autre ; cependant les mariniers seraient bien trompés s'ils ne prenaient pas garde; car ces deux étoiles ne remuent point, et que les autres étoiles qui sont dans le firmament tournent dans des cercles plus petits , et les autres dans de plus grands , selon qu'elles sont plus près ou plus éloignées de ces tramontanes : or, à ces deux tramontanes s'attache, ou pour mieux dire , se dirige la pointe de l'aiguille qui montre la pointe au póle.

Le cardinal Jacques de Vitry , qui vivait vers l'an 1200 , fait une mention assez expresse de l'aiguille aimantée dans son histoire hierosolimitaine , et ajoute qu'elle étoit nécessaire et indispensable aux voyageurs par mer (1). Perrault est

(1) *Ferrum occulta quadam natura ad se trahit acus ferrea, postquam adamantem* (les anciens appelaient l'aimant *adamas,* d'où a eu origine la dénomination française *aimant,* pour la distinguer du *diamant,*) *contigerit, ad stellam septentriona-*

du même avis, en faisant la comparaison entre les anciens et les modernes (1), ainsi que Gassendi (2), et Vogans (3).

Toutes ces autorités, que personne ne peut mettre en doute, rapportent la Boussole, quoique imparfaite, sous le nom de *marinière*, aux temps des premières expéditions des Croisades en Orient, époque qui suivit de très-près celle de la découverte de la propriété directive de l'aimant, comme je l'ai démontré dans l'article premier de cette Dissertation, c'est-à-dire, vers l'an 1244, selon le rapport que j'ai cité de du Beauvais et d'Albert-le-Grand. La chronique de la France vient à l'appui de mon système, en ce qu'elle indique positivement l'usage de la

lem, velut axis firmamenti, aliis vergentibus, non movetur, semper convertitur; unde valde necessarius est navigantibus in mari. Jacob. de Vitriaco, *Historia Hierosolim.* Cap. 49.

(1) Perrault, tome III.

(2) Gassendi, lib. X. *Diogenis Laertii.*

(3) Vogans, *Hist. littéraire de la France*, t. IX; p. 199.

Boussole,

Boussole, sous le nom de *marinette*, vers le temps de la première expédition, faite en Orient par le roi Louis IX, c'est-à-dire, en l'année 1248.

Hugues de Bercy, écrivain très-exact, et contemporain de Saint Louis, parle de cette espèce de Boussole ; il donne un détail de la propriété directive de l'aiguille aimantée, comme d'une chose déjà connue et mise en usage en France, et ajoute que les mariniers de son temps s'en servaient régulièrement pour connaître le septentrion.

D'après ces autorités incontestables, on est conduit à prononcer que la Boussole n'ayant été mise en usage par aucune autre nation de l'Europe avant les époques rapportées ci-dessus, aucun autre écrivain étranger n'en ayant parlé avant les Français, il est complettement prouvé, en conséquence, que la gloire de cette importante découverte doit être attribuée à la France, quoique la Boussole y ait été d'abord imparfaite et différente dans la forme, de celle dont nous nous servons

H

aujourd'hui (1). C'est sans doute par cette raison que l'on voit peinte une fleur de lys sur la rose de la Boussole, du côté boréal, comme armoirie de l'ancienne maison royale de France, et que toutes les autres nations ont copié cette figure, sans réclamer.

La Boussole, dira-t-on, doit donc être effacée des armoiries de la ville d'Amalfi, qui l'adopta en l'honneur d'un de ses citoyens, Flavius Gioja, qu'on en a cru l'inventeur au commencement du quatorzième siècle. Doit-on ainsi effacer des fastes de l'Italie le nom de cet illustre Amalfitain, qui a été comblé d'éloges par les plus célèbres écrivains (2)?

(1) Quoique M. Esmenard ne décide rien sur le vrai auteur de la découverte de la Boussole, dans la note 14 du chant IV de son beau poëme sur la Navigation, il avoue cependant, page 210, quelques lignes après, « qu'il est certain que les ma-
» rins des côtes de Normandie et de Bretagne
» employaient, dès le treizième siècle, l'aiguille
» aimantée, à laquelle ils donnaient le nom de
» *marinette.* »

(2) M. Grimaldi, napolitain, a publié une Dis-

Je ne prétends pas disputer aux Amalfitains le droit qu'ils peuvent avoir d'a-
dopter pour leur armoirie la Boussole. Si
j'ai cru que cette découverte appartenait
exclusivement à la France, j'ai été déterminé par la puissante considération que
les Français ont été les premiers à la
mettre en usage, quoique imparfaite, en
faisant nager l'aiguille aimantée dans un
vase rempli d'eau, comme nous avons vu
dans les vers de Guyot de Provins ; mais
je ne veux pas, pour cela, ôter à l'Amalfitain Gioja l'avantage d'avoir peut-être
perfectionné la Boussole, déjà connue

sertation très-savante, insérée dans le tom. III des
Actes de l'Académie de Cortone, où il s'efforce de
prouver que la Boussole a été inventée par Flavius Gioja ; mais, en établissant l'existence de
Gioja au commencement du xive. siècle, il détruit
complettement son opinion ; car elle est entièrement opposée aux preuves innombrables que nous
avons de la connaissance de l'aiguille aimantée
depuis le commencement du xiiie. siècle. Si
M. Grimaldi avait pu faire naître Gioja avant l'année 1300, il aurait réussi dans son but, et se serait
épargné ce reproche.

sous le nom de *marinière*, et qu'il aura
observée dans les fréquens voyages qu'il
avait faits avec les Français en Palestine,
lors des expéditions des Croisades. Ce
fut peut-être lui qui inventa la méthode
de suspendre l'aiguille aimantée sur un
pivot perpendiculaire, qui lui permît de se
tourner en tout sens avec facilité, de manière que quel que fût le mouvement du
navire, elle restât toujours horizontale,
comme il arrivait à la *marinière* française,
en la faisant surnager dans un vase rempli
d'eau.

Il paraît qu'il en est de l'invention de la
Boussole, de même que de celle de l'Imprimerie, dont différentes nations ont
voulu s'attribuer la gloire : peut-être que
chacune d'elles y a eu quelque part avant
d'arriver à la perfection à laquelle elle est
parvenue. Aussi est-ce un problême depuis long-temps agité parmi les savans,
que celui de trouver l'inventeur de l'imprimerie, ainsi que l'année et la ville de
l'Europe où l'on ait introduit la première.
De même que plusieurs villes de la Grèce

se sont disputées l'honneur d'avoir donné la naissance à Homère , différentes villes de l'Allemagne ont aussi prétendu avoir inventé l'imprimerie (1).

Les Anglais toujours prêts à s'appro-prier les découvertes des autres nations, comme ils l'ont été à s'emparer du commerce et de la navigation de l'univers , ont prétendu avoir inventé la Boussole , appuyés du mot anglais *boxel* qu'ils lui ont donné, comme si les Français et les Italiens , les Espagnols et les Portugais , eus-

(1) Mayence, Haerlem, Strasbourg ont paru les plus intéressées à ce point de gloire. L'Italie est entrée aussi en lice; mais les opinions ayant été partagées en faveur des trois premières, elles ont été maintenues exclusivement dans leurs prétentions à la solution de cette question, laquelle n'a pas encore été décidée définitivement. L'imprimerie est parvenue depuis à un tel degré de perfection, qu'elle doit plus au génie de nos modernes Didot, Baskerville et Bodoni, qui l'ont beaucoup perfectionnée, qu'aux supposés premiers inventeurs Koster, Guttemberg, Fust, Scoeffer et Mentel.

sent manqué d'un mot semblable dans leur langue ancienne.

Goropius, cité par Morisot, dans son *Orbis maritimus*, en attribue exclusivement la gloire aux Cimbres ou Teutons, c'est-à-dire, aux Allemands, par la seule raison, aussi vague que celle produite par les Anglais, que les noms des vents marqués autour de la Boussole, comme est, sud, nord, ouest, sont des mots puisés dans la langue teutonique, et dont tous les autres peuples de l'Europe se sont servis depuis. Si cet écrivain avait réfléchi, que la langue teutonique a été pendant un certain temps, et précisément vers l'époque du premier usage de la Boussole, celle de presque toute l'Europe, il aurait épargné la peine au savant Montucla de combattre vigoureusement ses vaines prétentions, comme il l'a fait dans son excellente Histoire des Mathématiques. Quant à la perfection de la Boussole, je crois que c'est au seul Portugal que nous devons l'avantage de l'avoir portée au degré où elle se trouve aujourd'hui ; car aucune autre nation avant celle-là , n'a su la mettre plus à propos en usage , pour une navigation hardie et vaste sur l'Océan , comme l'a été celle des Portugais , lorsqu'ils ont voulu dé-couvrir un autre hémisphère.

Sandres , petite ville dans la province d'Algarves près du cap Saint-Vincent , a été sans doute le premier endroit de l'Europe où la science nautique a fait des progrès sensibles vers sa perfection. Ce fut au commencement du quinzième siè-cle , que l'Infant de Portugal, don Henri , fils du roi don Jean premier , établit une académie de nautique , où ayant em-ployé les connaissances de Jacques de Majorque , de Joseph, et de Rodrigues , et d'autres savans distingués dans la ma-rine et dans les mathématiques , il réussit à faire dresser des cartes hydrographi-ques pour la navigation , à trouver de nouveanx instrumens , et d'autres mé-thodes pour se conduire dans des mers inconnues , à fixer les lois et les principes d'après lesquels ou pouvait diriger la rose

des vents sous l'aiguille aimantée : ainsi
on améliora la nautique par la connaissance de l'astronomie ; on réussit par
l'algèbre à l'application de l'astrolabe, et
on reconnut enfin l'utilité qu'on pouvait
espérer de l'usage de la Boussole, déjà
connue en Europe, mais pas encore mise
en œuvre pour la navigation dans l'Océan;
et pour me servir d'une expression que
M. l'abbé Andres a laissé échapper sans le
vouloir, on réduisit l'art nautique, par
tous ces moyens, à une science véritablement exacte (1).

(1) M. Andres, dans son ouvrage déjà cité,
après avoir fait un grand éloge de l'entreprise
de don Henri, *chap. 2, tom. III, pag.* 462, s'explique dans les termes suivans : « E tutti animati
» dallo spirito d'Enrico, si applicarono andente-
» mente allo studio dell' astronomia, della geo-
» grafia e della nautica, nè pensavano, che all'
» avvanzamento della navigazione. Nuovi metodi,
» nuovi istromenti, astrolabi, bussole, e carte
» marine erano i pensieri, che tenevano in con-
» tinua agitazione Enrico e i suoi accademici; e
» frutto di questi fu la scoperta di tutta la costa
» d'Africa, il miglioramento in tutte le parti della

Les pilotes qui se formèrent sous l'influence de don Henri, découvrirent, en l'année 1419, l'île de Madère, que quelques

» navigazione, e specialmente pel nostro propo-
» sito l'invenzione delle carte idrografiche. » *Et*
à la page 469 : « A giganteschi passi mosse alla
» fine di qual secolo (le xv.ᵉ) la geografia, ed
» ebbe la compiacenza di vedere nascere davanti
» nuovi mondi. L'occidente e l'oriente, l'Ame-
» rica, le coste dell' Africa et dell' Asia, nuove
» provincie, nuovi regni, isole nuove e nuovi con-
» tinenti si presentavano agli squadri dell' ar-
» dita navigazione, e dell' illuminata geografia.
» Quanto non si ampliavono in pocchi anni il
» mare e la terra ! Quanto non crebbe e s' ingrandi
» l'universo ! Che gli antichi avessero qualche
» notizia della navigazione, delle coste d'Africa,
» e del passagio al capo di Buona-Speranza non
» può mettersi in dubbio a vista dei passi d'Ero-
» dotto, di Strabone e di Plinio, che apertamente
» ne citano i fatti. Ma quella notizia era si oscura
» ed incerta, che lo stesso Strabone e li posteriori
» geografi più stimati lasciano in dubbio ed aper-
» tamente contrastano la realtà ed anche la pro-
» babilità di tal navigazione. » Comment donc se
fait-il que ces savans et ingénieux Arabes, qui
possédaient, selon M. Andres, jusqu'à la perfec-

écrivains modernes ont voulu regarder comme un faible débris de l'Atlantide, dont Diodore de Sicile et Platon ont assuré l'existence, fondés sur des traditions. Jean II, prince éclairé, qui, le premier rendit Lisbonne port franc, fit de nouveau appliquer l'astronomie à la nautique, et par ce moyen, les Portugais parvinrent au cap situé à l'extrémité de l'Afrique, qu'on nomma d'abord *Cap des Tempêtes*, et ensuite *Cap de Bonne-Espérance*; car on prévoyait que cette découverte conduirait à celle du passage aux Indes orientales.

Lorsque les Portugais entreprirent leur premier voyage, ils n'avaient d'autre but que de reconnaître les parties de la

tion, l'art nautique et la Boussole avant les Européens, n'aient jamais pensé à faire autant de progrès dans la navigation ? Que l'on se rappelle tout ce que j'ai rapporté sur l'opinion de cet écrivain, à l'article troisième de cette Dissertation, concernant la connaissance de la Boussole parmi les Arabes : c'est maintenant à M. Andres à nous expliquer ces énigmes.

côte d'Afrique les plus voisines de leur pays. Mais dès que, dans une nation, l'on a une fois réveillé et mis en action le goût des entreprises de ce genre, l'on ne doit plus s'attendre qu'à des progrès ; et quoique les premières opérations des Portugais aient été lentes et timides, elles prirent néanmoins bientôt de la hardiesse, et s'étendirent le long du rivage occidental de l'Afrique, bien au-delà du dernier terme de l'ancienne navigation sur la même ligne.

Le roi don Alphonse fit consulter, pour les voyages des Portugais, le célèbre astronome Paul Dal Pozzo Toscanelli, le même qui avait construit, en 1468, dans la cathédrale de Florence, le fameux Gnomon, illustré ensuite par le savant Ximenez (1).

(1) Le gnomon construit par Toscanelli dans la cathédrale de Florence, est le plus ancien et le plus élevé que l'on connaisse en Europe. Ce précieux monument resta inconnu pendant trois siècles : il fut remis en usage par le célèbre Ximenez, mathématicien du grand-duc de Toscane, lequel y a fait plusieurs expériences du solstice, un nombre de découvertes intéressantes concer-

Toscanelli y répondit par deux lettres adressées au fameux Christophe Colomb, en date du 25 juillet 1474, dans lesquelles il donne une description exacte du voyage que Colomb avait projeté d'entreprendre en Guinée et en Occident, description qui a beaucoup contribué à l'entreprise qu'il a exécutée depuis avec tant de succès.

Le roi D. Emmanuel seconda les projets de ses prédécesseurs. Il fit partir, le 18 juillet de l'année 1497, une escadre de qu tre vaisseaux, sous les ordres de Vasco de Gama, officier de rang, que son courage et ses talens rendaient digne de conduire une entreprise d'une telle importance. Vasco, ayant parcouru la côte orientale de l'Afrique, doubla le promontoire nommé Cap de Bonne-Espérance, qu'aucun Européen n'avait encore fran-

nant l'obliquité de l'écliptique, et autres observations astronomiques de la plus grande importance. Voyez l'ouvrage de Ximenez, intitulé *del Gnomone Fiorentino*, inséré dans le tom. II des Mémoires de la Société italique.

chi; de là, après une heureuse navigation le long du sud-est de l'Afrique, il
arriva à la ville de Mélinde, d'où il fit
voile ensuite à travers l'Océan indien, et
débarqua à Calicut, sur la côte de Malabar, le 22 de mai 1498, après une navigation de onze mois.

C'est ainsi que la découverte de la
Boussole, aidée depuis de l'invention des
cartes marines, rendues communes par
la voie de l'imprimerie alors naissante (1)
et puissamment soutenue par l'usage de

(1) « L'invention de l'imprimerie, qu'on rap-
» porte communément à l'année 1440, par la vive
» impression qu'elle donna tout à coup à la marche
» des arts et de l'esprit humain, peut être consi-
» dérée comme une des causes directes des progrès
» de la navigation. Elle a d'ailleurs concouru puis-
» samment à la perfectionner, en multipliant les
» livres, les cartes, les documens historiques, les
» souvenirs des anciennes entreprises, et en ren-
» dant pour ainsi dire générales et communes les
» connaissances réservées avant elle à un petit
» nombre d'hommes solitaires et isolés. » Esménard, note 15, au chant IV de son poëme *sur la
Navigation*, tom. I, pag. 211.

la poudre à canon (1), donna une impul-
sion nouvelle et fortement prononcée aux
entreprises hardies et constantes des Colomb (2), des Gama, des Ojeda, des

(1) La poudre à canon a été inventée à peu près
dans le même temps que l'imprimerie. C'est à
Chiozza, un des ports des Etats de Venise, qu'on
l'employa pour la première fois, dans un combat
naval entre la flotte des Vénitiens et celle des
Toscans. (*Encyclopédie.*) Ce que M. Esménard a
tracé dans ces beaux vers de son poëme :

La Toscane pleura le premier Médicis,
Si grand par ses travaux et plus grand par ses fils,
Qui vit l'airain tonnant sur sa flotte sur prise,
Charger de ses débris les marais de Venise.

(2) Christophe Colomb, génois, partit de Palos,
petit port situé à l'extrémité de l'Andalousie, le
3 août 1492. Il n'avait avec lui que trois navires
très-mal armés. Il relâcha d'abord aux îles Canaries, pour y prendre des vivres et réparer ses bâtimens. Ce fut le 6 de septembre qu'il quitta
Goméro, et qu'abandonnant les routes suivies par
les navigateurs qui l'avaient précédé, il fit voile à
l'ouest, et s'avança dans un Océan inconnu. A
quatre cents lieues des Canaries, (dit Robertson,
dans son *Hist. d'Amérique*, t. I), Colomb eut à
supporter les propos les plus injurieux de la part de

Vespuce (1) et des Cabotta , qui , en
découvrant un autre hémisphère , ont

ses matelots, fatigués de la longueur du voyage.
Ils se rassemblèrent un jour sur le pont, et deman-
dèrent avec des menaces le retour en Espagne.
L'amiral , ne pouvant rien gagner sur leur impatience, ni par la sévérité , ni par la douceur , pro-
mit aux séditieux que si la terre ne paraissait pas
dans les trois jours, il se livrerait lui-même à leur
vengeance : on consentit unanimement à lui accorder ce délai, et le Nouveau-Monde fut découvert le lendemain , en abordant à une des îles
Lucayes ou Bahamas, après 33 jours de navigation.

(1) Ce fut en 1509 qu'Alphonse Ojeda , et après
lui Améric-Vespuce , florentin , l'un de ses com-
pagnons, abordèrent au continent de l'Amérique.
Le premier y fit quelques établissemens ; Vespuce
descendit vers le sud de l'Orénoque , et présenta les
terres qu'il avait reconnues comme une découverte
nouvelle. Je rapporterai ici les vers de M. Esménard, qui caractérisent cette injustice, avec la note
qu'il y a ajoutée au chant vi , page 122, tome II
de son poëme :

Les uns cherchent ces lieux , voisins de l'équateur ,
Où des droits de Colomb , perfide usurpateur ,
Et d'un prix immortel lui dérobant la gloire ,
Le grand nom d'Améric n'a pu tromper l'histoire.

Sans doute c'était à Christophe Colomb qu'il
appartenait de donner son nom au Nouveau-

imprimé un caractère aussi important que nouveau à la navigation des Européens. C'est depuis cette époque, fameuse dans les annales du monde, comme dit Raynal (1), qu'il se fit une révolution

Monde. Améric-Vespuce, qui obtint cet honneur, n'aborda que long-temps après lui au continent méridional; et cet homme illustre montra peu de justice et de délicatesse, en s'attribuant cette découverte. « La reconnaissance publique, dit à ce » sujet Raynal, dans son *Hist. philosoph. et pol.*, » tom. III, aurait dû donner à cet hémisphère » étranger le nom du premier navigateur qui y » avait pénétré (Colomb) : c'était le moindre hom- » mage qu'on dût à sa mémoire; mais, soit envie, » soit inattention, soit jeu de la fortune, qui dis- » pose aussi de la renommée, il n'en fut pas ainsi : » cet honneur était réservé au florentin Améric » Vespuce, quoiqu'il ne fît que suivre les traces » d'un homme dont le nom doit être placé à côté » des plus grands noms. Ainsi, le premier instant » où l'Amérique fut connue du reste de la terre, » fut marqué par une injustice; présage fatal de » toutes celles dont ce malheureux pays devait » être le théâtre. »

(1) Depuis que l'Europe navigue, elle jouit d'une plus grande sécurité au dedans, d'une in-

dans la puissance des peuples, dans les
mœurs, l'industrie et les gouvernemens.
La navigation, qui a donné lieu à ces découvertes, est la première et la plus considérable qu'on ait exécutée daus l'Océan
avec l'usage de la Boussole, inventée
d'abord en France, réformée peut-être
à Amalfi, et perfectionnée sans aucun
doute en Portugal : c'est la Boussole qui
a servi de guide pour traverser l'Océan,
et pour régler les navigations les plus
hardies et les plus utiles qu'on ait jamais
entreprises ; car c'est elle qui a changé

fluence prépondérante au dehors. Les guerres ne
sont peut-être ni moins fréquentes, ni moins san-
glantes ; mais elle en est moins ravagée, moins
affaiblie. Les opérations y sont conduites avec plus
de concert, de combinaison, et moins de ces
grands effets qui dérangent tous les systèmes. Il y
a plus d'efforts et moins de secousses. Toutes les
passions des hommes sont entraînées vers un certain bien général, un grand but politique, un heureux emploi de toutes les facultés morales. Raynal,
*Hist. phil. et polit. du Comm. des Europ. dans les
deux Indes*, liv. 19, ch. 5.

I

tous les principes de la navigation et de l'architecture navale.

Avant l'époque de cette découverte, on n'avait eu que des galères qui allaient à voiles et à rames. Cette forme de bâtimens était la plus propre à raser les côtes, d'où on n'osait rarement s'éloigner, du moins à une certaine distance. La navigation n'était encore qu'une espèce de *cabotage*, selon l'opinion la plus commune (1) : mais dès que la Boussole fut perfectionnée, la marine suivit ses progrès. On commença à braver en pleine mer les tempêtes et les vents contraires, à connaître les *moussons*, à éviter les écueils et les courans ; enfin on ne craignit plus de s'égarer, en perdant la terre de vue, et les hommes maîtrisèrent ce terrible élément qui tant de fois les avait fait trembler.

On vit paraître alors des vaisseaux

(1) Voyez l'excellent ouvrage espagnol de Campomanes, intitulé : *Antiquedad maritima de la Republica de Carthago, con el Periplo de su general Hannon, traduzido del griego.*

d'une coupe différente et propres à naviguer dans toutes les hauteurs. Les voyages
devinrent plus courts , les transports
moins dispendieux et plus sûrs , les communications s'ouvrirent , l'émulation et
l'industrie furent animées , le commerce
s'augmenta et prit un nouvel éclat. Presque tous les peuples qui pour lors avaient
une marine , ne songèrent plus qu'à perfectionner les constructions navales , et
qu'à établir dans l'autre hémisphère des
comptoirs et des colonies. Ce fut alors
que les productions des climats placés
sous l'équateur, se consommèrent dans
les climats voisins du pole, que l'industrie
du nord fut transportée au midi , et que
les étoffes de l'Orient devinrent le luxe
des Occidentaux. L'immensité des mers
que la Nature parait avoir placées entre
les terres , pour séparer les diverses nations , devint bientôt le véhicule de leur
réunion et de leur commerce réciproque,
et n'en fit , pour ainsi dire , qu'une seule
en les rapprochant.

C'est depuis lors que le commerce ma-

H 2

ritime est devenu un objet essentiel dans l'organisation des corps politiques , et qui n'a plus été négligé dans aucun plan de bonne législation , parce qu'il est non-eulement le lien qui unit tous les peuples et tous les climats , mais encore l'ame , le soutien et la richesse de l'État , parce le commerce maritime , en accoutumant les hommes à la navigation , forme des matelots , et donne la facilité de mettre en mer des flottes considérables , et ouvre ainsi le chemin à cette puissance mari-time qui est aujourd'hui d'un si grand poids dans la balance politique de l'Eu-rope.

C'est depuis lors enfin , que la navi-gation perfectionnée par la Boussole , a déterminé les principales puissances de l'Europe à faire entreprendre des voyages autour du monde , moins pour reculer les limites de leur domination que pour étendre l'empire des connaissances hu-maines. Des habiles naturalistes et des astronomes célèbres ont partagé les périls et la gloire des intrépides navigateurs , et

bientôt la géographie du globe a été perfectionnée, l'histoire naturelle et l'astronomie se sont enrichies de nouvelles découvertes. Aussi les noms des Anson,
des Cook, des Wancouver, des Magel-
lan, des Cano, des Dracke, des Wallis,
des Biron, des Carteret, des Surville,
des Bougainville, des Fleurieu, des la
Peyrouse, des Entrecasteaux, des Ker-
madec et des Malaspina (1), seront à jamais
célèbres dans les fastes de l'Europe.

(1) On attend avec impatience la publication
des résultats du voyage que M. le chevalier Malaspina, noble génois au service d'Espagne, a faits
dernièrement dans la mer Pacifique, pendant trois
années, et qui doit nous donner des notions intéressantes de cette partie du globe. Bientôt le nom
d'un navigateur russe sera placé entre ceux de
Cook et de la Peyrouse, d'après l'entreprise ordon-
née par l'empereur des Russies, qui a expédié deux
vaisseaux destinés à faire le tour du monde.

TABLE.

Imprimé en France
FROC010113191020
25456FR00011B/231